TikTok

百萬流量
全公開

617劉易蓁 /
石總監　著

推薦文

※以下按來稿順序排列。

617劉易蓁長期關注流行文化，善於行銷與經營管理，並樂於教學與分享。我很高興看到他掌握到TikTok這個最新的短影片潮流，用心將製作與營運技巧公諸於世，這本書一定可以幫助到很多人。

——作家／主持人／企管顧問　吳若權

認識易蓁時就被他拍影片的速度和創意給吸引，之前很榮幸被易蓁邀約拍訪談影片，那支影片很快就爬到Google首頁，過幾天馬上有人看完影片來信諮詢、並成為我的長期客戶。易蓁實在太厲害了。

也因此當易蓁開始在 TikTok 經營自媒體頻道，我就成為他的忠實鐵粉，很多支影片都按讚收藏。因為有知識含金

量又流量爆高的短影片，在TikTok實在珍貴少見，每支都值得多看幾次。

TikTok短視頻流量趨勢是這個年代每個人最大的紅利，如果懂得掌握，對於事業、財富、影響力，都會產生爆炸性的成長。石總監和617老師這一次特別花時間整理出TikTok如何創造百萬流量的精華內容，相信會對每一個有心經營自媒體的朋友都能產生爆炸性成長的效益，樂見這本書被更多人看見，也祝福大家創造幸福、成功、快樂的人生。

—— 佳興成長營創辦人　黃佳興

TikTok是時下非常熱門的短影音平台，大家都懂得看，卻不知道怎麼自己拍出吸引人的影片，如果你想將自己的故事用快狠準的方式傳達給觀眾，相信這本書絕對能夠幫助到你！

—— 無限學院創辦人　六指淵

我認識劉哥超過十年，當時他是高校行銷的第一把交椅，不論是在大型的品牌客戶溝通或者是在媒體經營上，都是令人可敬的前輩。

隨著媒體工具的演進，劉哥也持續地進步，他深具前瞻性的看到了TikTok的趨勢，在黑暗中找到那個引爆流量的光，摸索出一條可以跟眾人分享的路，希望大家都能從劉哥的經驗中得力，流量豐收！

——命運設計系系主任　簡少年

短影音的時代來臨，你跟上了嗎？你跟得上嗎？跟著617老師，讓你在眾多「影武者」中脫穎而出，吸金吸流量，打造屬於自己的娛樂世界，財源名聲滾滾來。一夕成名，就靠這一役！

——娘子軍　林靜如

前陣子有幸在一場實體活動，同時聽到617和石總監兩位實戰派的短影音教練的TikTok短影音課程，除了自己獲得了非常卓越的成就，也幫助了很多各行各業的學生透過

TikTok翻轉人生，現在可以用這麼便宜的價格擁有一本價值連城的實戰手冊，真的是非常幸運！

　　　　　　　　——百萬課程學院2.0創辦人　Jerry Huang

　　資訊爆量的土石流時代，創造吸引顧客眼球的內容，決勝負就在短影音！商業社群的改變，人人是創造者，經營企業品牌的同時，不妨也打造個人品牌，你會發現這片天空比想像的來得更大！

——嘉義林聰明沙鍋魚頭執行長／魚頭妹又在摸魚創辦人　林佳慧

　　剛接觸TikTok時，就「滑到」617與石總監兩位大神的影片！這本書可幫助新手了解TikTok的世界觀，並大方公開爆款影片的祕笈，真的要大力推薦！

　　　　　　　　　　——手機拍片達人　貝克大叔

認識617是在《高校誌》時代，在那個臉書還不普遍的時代，他就投入雜誌媒體產業。從創辦高校雜誌到轉型IP經營，到媒體營運，到現在成為IP教練、協助許多名人、企業家、政治人物做社群營運，包含自己的頻道經營、與陶子姊合作等，這一路真的是實打實的鍛鍊出來。

自從YouTube、Facebook、Instagram等平台，都相繼推出符合短影音相容的播放格式，就知道短影音是未來自媒體的趨勢，而市場正需要這樣一本「短影音經營攻略」。

617與石總監合作這本書，從TikTok整體趨勢到演算機制，到如何創造受歡迎的影片內容設定，最後帶到流量變現的方法，我推薦想投入短影音領域，並想了解如何經營的人深入理解，是非常適合的一本TikTok經營的教科書！

──放大數位行銷總經理　賴銘堃

好看的內容與有人看的內容，往往不是相等的，這是一本能夠快速讓你吸收關於短影音新知的厲害工具書。

──自媒體製作人　轟小轟

每個時代，都有專屬的機會，而這本書，就是你現在最好的機會。掌握短影音，就掌握人們的目光，建立屬於你的舞台。

——文案的美負責人　林育聖

認識617十年，他總是不停挑戰新媒體浪潮，並找出可以效率化的作法、帶領工作團隊做出成績。初學的你若考慮開始經營TikTok，本書將是首選的入門教材。

——燒賣研究所笑長　Ryan Chou

在這個短影音逐漸成為顯學的時代，能夠先發制人，早一步開始耕耘就有機會搶到流量紅利，而這本書來的正是時候，617透過他的實戰經驗，由淺入深的說明TikTok短影音的內容規劃與經營技巧，希望不論是新手或老手都能獲得幫助。

——投資理財YouTuber　蕾咪Rami

專業工作中再加入點行銷想法，那效益真的驚為天人！這香甜的滋味，無限循環的擴大在我的各種工作狀態，如果說起我的智囊團，一定有617這位軍師，想當初他的苦口婆心的每個催眠，想起來就覺得會心一笑。

從攝影師到講師KOL到出版社到經紀人，每個角色我都離不開社群經營，617總能用最前瞻敏銳的切角，引領我前進。我想這次的TikTok也不例外，短影片是現在的趨勢，如果還迷失在流量和變現，這本書必收！

—— 林襄經紀人／Canon官方合作攝影師　莉奈

我在社群領域經營十來年，看到網紅不斷地世代交替。要爆紅其實都有一定的規律，除了持續創作、掌握平台的風口，並用最短的時間找到適合平台特性的流量密碼，這對創作者來說至關重要。

這本書透過617和石總監分享短影音經營的趨勢和心法，讓大家減少繞石頭過河的時間，快速的搶占下一個趨勢的紅利。在這人人都該是自媒體的時代，這是一本值得你一讀的好書。

—— 臺灣網紅教父　黃冠融King

認識617那天是去他公司錄製餐飲行銷課程，當天他推薦我開始做TikTok，並跟我分析了臺灣TikTok市場和剪輯工具們。

半信半疑的我回去馬上開了發肉TikTok帳號，上傳了三支影片包含我烤肉的影片，然後就爆了！加起來的觀看數超過50萬，因為看到影片來店裡用餐的人每天絡繹不絕，多到必須在三間分店裡放置我個人的人形立牌，以防我人不在時給客人合照。從來沒有想過臺灣TikTok有這樣強的帶客力道，尤其是應用在餐飲業，建議還不了解的人一定要跟著617一起來好好享受紅利！

——美極品／餐飲集團創辦人　王家揚John

很多人曾問我如何掌握社群平台趨勢，我總是回答「跟著年輕世代走」，而TikTok正是當代顯學。易蓁是我認識的行銷人當中少數緊貼年輕人且親身投入的實戰份子，相信這本書也不會讓人失望。

——科技評論電子報《曼報》主筆　Manny Li

如果要感謝我目前在短影音領域擁有的所有成果，其中要感謝的人一定有617老師。

身為一個本來平凡到不行的普通人，唯一不同的就是開始拍攝短影音之後，很幸運的很早就刷到617老師的影片，每次看完總是會有種：「天啊～原來可以這樣」、「哇！還有這招喔！」的驚訝感，照做之後果不其然播放量大增，如果你看過我的影片，一定會發現617老師分享過的招數。

現在，你也能和我一樣幸運，因為617老師和石總監，已經把他們的流量密碼有系統的整理並且公開在這本書裡了，只要認真看完，相信你一定會有超乎預期的收穫。

——風雲飛影業營運長╱TikTok金牌創作者　韓森

認識617一段時間了，除了覺得他本來就非常帥氣之外，更對於他不斷在媒體上嘗試應對最新的變化、趨勢及內容乘載形式的動能感到佩服。從早期的《高校誌》到現在「可樂研究社」、「WOW桃姐」的節目等，更可看出他親力親為、擁有執行力跟遠見！

在數位內容產業成為新的「主流利基產業」時，人人在

這個「腦袋產業」的時代都有可能透過數位內容成為意見領袖，透過各種形式的創作產生收益。我相信此書可以給初入創作的人有所啟發，同時更了解到在內容逐步私密化、破碎化、意見領袖素人化的時代，更是一個新複利時代的機會點，數位內容產業尚未飽和，還有很多空間，大家都應親身來體驗！

——電獺集團共同創辦人兼執行長　謝綸aka.電獺大叔

認識易蓁（617）很多年了，因為無名小站的關係也跟他有了第一次的插畫合作（高校誌的聯名T），那時候看到的他就是一個很有衝勁跟熱情的人。

十多年後過去，果然變成了走在社群尖端的達人了（笑），連我對於TikTok完全不懂的人，透過他們淺顯易懂的解說，似乎更容易切入這個新興影音社群。在這個自媒體的時代就算我們沒有興趣軋一角，也可以試著看這本書以理解現在流行的媒體趨勢，也能與周遭的人產生更多共鳴與話題。

——插畫家毛毛蟲／蟲點子創意設計總監　鄭明輝

雖然帥很重要，但架構跟方法更重要。認識617跟石總監多年，也常常看到他們短影音的表現，都是那種你一看就會不想停下來、想多看幾眼的內容。這本《TikTok百萬流量全公開》不只是一本只講TikTok的操作說明，而是帶你先思考你的定位，才有可能做好完整的內容規劃，看完才發現真不是帥就夠的。

——燒賣總顧問／BVG副總　邱煜庭

過去想要學習知識或某項技能，可能要花很多時間去搜集資料或拜師學藝，資訊爆炸的時代，我們很幸運有多元的管道獲取資訊，而全球當紅的TikTok中，也存在著高質量的知識型創作者，他們除了要有精湛的影片剪輯技巧外，也要有吸睛的企劃能力。劉易蓁617與石總監這兩位行銷大師，很早就進入短影音領域，除了擁有實戰的經驗外也有許多教學的案例，能幫助大家快速找到經營TikTok成功的捷徑與抓住流量密碼的關鍵，想要經營個人品牌做自媒體就從這裡開始。

——野餐露營女王　璐露野

在因緣際會下認識了617，一路以來向他學習了很多也成長了很多，針對問題尖銳的切點與想法每每讓我驚艷。

總是走在社群媒體前線的617，擁有獨特且具有遠見的觀察能力。從宏觀市場的視野到自身標籤的經營、轉換變現，該有的核心內容都凝聚在這本「短影音經營攻略」，在紅利尚未消損殆盡前，讓我們一同踏在短影音的浪頭吧！

—— 可樂研究社營運長　王書晨

易蓁，是我認識以來做事最認真的人。

在這個自媒體當道的時代，經營自媒體已經是一件最好的投資。

一直都有在追易蓁短影片的內容，有趣又有知識，這次很開心可以看到出書，這是一本好書，教你經營自己的TikTok，讓我們一起在這短影片趨勢上乘風破浪吧！

—— 閱部客創辦人　水丰刀

時間愈來愈貴，掌握眼球專注就掌握影響力。短影音擁有內容聚焦、節奏明快、高頻曝光等特性，品牌管理者開始積極投入資源在短影音製作與推廣，搶搭這股全球熱潮。《TikTok百萬流量全公開》協助你快速瞭解短影音趨勢並剖析TikTok背後演算機制，帶著你打造具有競爭力的短影音，推薦大家閱讀！

——SparkLabs Taiwan 創始管理合夥人　邱彥錡

在新媒體時代，
成為更有影響力的自媒體人

文／脊椎保健達人、身體智慧有限公司執行長　鄭雲龍

　　我是一位企業主，但跟大多數企業主不一樣的是，我同時也是一名網紅，Google搜尋「脊椎保健」，第一頁有一半以上都是跟我及我公司有關的資訊。我在十二年前創立「身體智慧」品牌時，就開始經營自媒體，如今走在路上常被認出來，有人稱我為第一代網紅其實也不為過。

　　經營企業非常不容易，但幸運的我因為網紅的身分，得以推廣自己的理念，辦自己想辦的健康課程，實現自己的理想，非常多次在公司經營困難時，都是靠粉絲們的支持才得以度過並逐漸成長。

　　我跟易蓁（617）以及尊元（石總監）私下都是好友，可以為兩位好友寫推薦序感到非常開心，先說說我跟劉帥（我跟朋友們都這麼叫易蓁）的小故事。幾年前我臨時受命

要在中華華人講師聯盟分享一個有關自媒體的課程，在實力不足又沒時間製作PPT的情況下，十分心虛的去問劉帥是否可以讓我使用他的簡報來分享，他竟然很大方的跟我說：「拿去用！」他願意將他的創作心血交給我，這在講師圈是難能可貴的，我內心著實很感動。後來才知道，有才華、有內涵的人通常很願意分享，易葳一向是大方之家，因此請相信我，這本書絕對超有料！

石總監是我在經營YouTube遇到瓶頸時看到的曙光，雖然我的YT頻道累積有3300萬觀看次數，粉絲數也有30萬，但從去年底粉絲增長就慢慢下滑，而用心拍攝的知識影片，生命週期也變得很短，連帶著公司課程的招生就受到了影響。此時我的企業家朋友推薦石總監給我，認識後才知道，原來大家都在一個朋友圈內，朋友圈內都給予極高評價，於是在今年年初我就毫無懸念的委請石總監擔任我公司短影音的陪跑教練，如今才經營TikTok滿八個月，石總監就幫我們達到每月超過百萬流量，粉絲數達到71K的成績。他從第一支影片開始，就教我們很多少跑彎路的TikTok知識，例如我穿在身上的骨頭T-Shirt，就成了我「脊椎保健達人」鮮明人

設的重要部分。更開心的是在將TikTok上的短影音，同樣上傳YT之後，YT的流量跟粉絲數也增長兩倍以上，對我們企業幫助實在是太大了！

　　易蓁（617）跟石總監在這本書中教給我們的不只是「術」，更在乎創作者分享的初心，自媒體的核心、知識內容以及商業模式的整合。我跟著這兩位達人學習，是TikTok百萬流量的見證人，在此向各位推薦這本書，讓我們一起在新媒體時代，成為更有影響力的自媒體人。

〔目錄〕

PART.1

TikTok 短影音基礎篇

PART.2

帳號設定和內容規劃

PART.3

影片拍攝和剪輯

PART.4

TikTok 帳號經營

PART.5

掌握變現機會

在短影音的時代風口，
成為一個會飛的豬

文／617劉易蓁

　　如果問我在社群時代「什麼是最有價值的投資」？我會跟你說：「投資理財有賺有賠，投資自己穩賺不賠。」經營自媒體，絕對是當今投報率最高的投資。

　　我是在2010年創業的，從一本校園雜誌起家。當時我們的封面都是應屆高中校花，受眾也都是每天泡在網路上的年輕人，因此觀察網路生態，研究網紅發展自然也是每天的必修課。而那時期正逢無名小站關站，Facebook興起的轉換階段，很多無名上的網紅和插畫家若沒經營Facebook，基本等於放棄了流量。順帶一提，我有些朋友在更早之前是經營奇摩家族的，當時有些人若沒跟上無名小站時代，也大多紛紛消失在歷史舞台上。

　　之後Facebook有一段時間是插畫家的天下，適逢LINE當

時鼓勵大家出貼圖，會畫圖又有行動力的人很容易獲得巨大的流量紅利，像Duncan、掰掰啾啾、馬來貘等人。然而我便預言在智慧型手機隨走隨拍，且人人一支的狀況下，會讓「影片」成為下一個風口（趨勢）。

果然幾年後，「YouTuber」這個詞誕生了，Facebook也大力推動影音功能，會拍長影片的人開始在這時期大放異彩。而依然有少數插畫家如洋蔥，因為有能力將插圖轉換成影音，可以持續吃到這一波的紅利。後續雖然還有一些直播平台出現，但因為只適合即時性的特點，「直播」並沒有繼承「文字」、「圖片」、「影音」後續的時代，反而融合在影音時代中，成為影音社群強力的擴散工具。

當時我也開始發現中國的抖音、快手正在快速崛起，15秒的超短內容，卻能讓人驚喜連連，一滑就停不下來。沒頭沒尾但生活化、多元化的影片，能創造出很多傳統影片、節目沒有辦法給出的內容，這全新的模式讓我幾乎可以斷定短影音時代已經到來。因此2018年時，我就率先協助當時某位政治人物經營TikTok，在當年也算是開創先例。於短短不到10秒的內容就能創造驚人的流量，引起新聞媒體的關注，也

證明了短影音的威力。

一直以來我都是社群的幕後操盤手，很排斥在幕前的露出。但幾年經驗累積下來，早就已經清楚知道，唯有累積個人IP的厚度，才是在這個時代最有價值的投資。看看今天特斯拉創辦人Elon Musk的社群影響力，社群操作堪稱教科書級別，在Twitter上的簡單發文就能輕鬆影響股價、虛擬貨幣，甚至波及全球成為國際新聞。你甚至可以說全世界的企業家都該經營自媒體，因為只要捧紅企業家IP，企業本身要不紅都難。而人因為具有人性，在社群上「人」紅的速度要比「品牌」快得多。

我一直有個習慣，在協助客戶經營任何社群前，都會在第一時間自己先摸索、體驗出心得。因此在2020年時我開始重新探索TikTok，2021年後更因為玩出不錯的成果，將TikTok用在旗下的公司和客戶身上，皆獲得極大的迴響，甚至幫不少人賺到可觀的收入。但也因為這樣，我也意外的把自己從幕後推到幕前，這當中對我的收穫也是巨大的。

因此透過這本書我要與你分享一個新手該如何一步一步按部就班地經營TikTok，讓你在短時間內快速了解TikTok短

影音的經營技巧。也很榮幸找來我的好朋友「上班黑客」的石總監，用系統教學的方式讓你不要浪費時間走彎路。在短影音的時代風口，成為一個會飛的豬。

或許在寫這本書的時候，短影音還在起飛階段，暫時還沒有下一個風口的形成，但我希望你能帶著這本書的經營觀念，做個聰明的自媒體人。不論未來社群如何改朝換代，你都能打包自媒體的核心觀念，駕馭每個時代。

PART.1

TikTok短影音
基礎篇

短影音熱潮席捲，
為何TikTok會受到歡迎？

講師：石總監

截至2022年，TikTok全球的活躍用戶數已經突破10億，在臺灣，也突破了500萬用戶數，在北美，用戶的平均月觀看時長甚至超越了YouTube，在在顯示中短影音的社交時代正式來臨，你唯有掌握這個趨勢，先站在紅利風口上，才有機會在競爭中脫穎而出！

記住不是所有站在風口上的豬會飛，而是先站在風口上的豬才會。

短影音三字訣

① **內容短**：碎片化時間也能快速吸收內容。
② **節奏快**：在耐心消耗前就傳達完畢。
③ **高頻率**：提高品牌出現頻率增加曝光機會。

【重點一】短影音包含三個元素——短、快、頻

首先，**內容一定要短！**現在的人耐心有限，2015年，每人平均上網瀏覽內容的時間（耐心）是16秒，到了2018年，每人平均上網瀏覽內容的耐心降到只剩7秒！比金魚的記憶——8秒還短。那你猜到了2021年平均每人的耐心只剩幾秒嗎？可能只有3秒吧！你看，一分鐘內我們至少會走神超過十次。

所以短影音內容一定要短，觀眾對於不熟悉、感到陌生的內容相對沒興趣，要在他的耐心消耗完大約5秒內，直接將內容重點端上來，吸引觀眾繼續停留。

內容短

· · · · · ·

尤其觀眾是接觸陌生的領域，觀眾的耐心程度**會非常少**，要在最短時間**端出重點**。

其次，**節奏要快！**現在是一個碎片化的時代，大家手機不離身，對內容的耐心又非常地低，所以內容的節奏一定要非常快，試問如果再回過頭去看十年前的韓劇，你還能用原倍數觀賞嗎？事實上非常多人現在看韓劇或陸劇都選擇1.25倍速來看劇，甚至還有更高。由於我們已進入一個非常迅速的時代，無論是內容的節拍或節奏感都要快，尤其用手機觀看的體驗更是容易被打擾，試想一下每秒手機上有多少APP會跳出通知，所以一定要在觀眾被干擾前趕快把內容介紹完畢。

節奏快
· · · · · ·
手機觀看容易被打擾，要更加注意**內容的節奏感**。

最後，**頻率要高！**為何頻率要高呢？因為現在的內容太多了，每個人一天內會接觸到的影音內容平均有300則，試問這300則裡他會記得哪一則呢？對消費者來說遺忘是他的

本質，那我們只能做到不斷重複，讓他記住我們。這就是為什麼現在非常多知名的YouTuber在更新內容方面，選擇透過開設子頻道的方式來增加內容產量，當他選擇增加內容產量時，相對地，內容的質量就沒那麼高，但為了要增加曝光頻率得透過內容不斷更新，同時提高帳號在平台的熱度，觀眾才不會忘了你。

高頻率
‧ ‧ ‧ ‧ ‧ ‧

消費者接觸太多內容，我們只能**增加品牌曝光**，增加消費者的記憶。

【重點二】短影音為何會大受歡迎？

　　除了前面提到的短、快、頻元素外，有兩個原因非常重要，第一，就是**現在是一個小螢幕時代**，幾乎90%的人都會使用手機觀看影片內容、刷社交平台，但是使用手機看影片有一個很大的問題是「干擾性」非常強，例如你正在看一

部韓劇，劇中男女主角正要親吻時，LINE通知卻突然跳出來，這時只要劇情內容吸引力不夠，你很可能就會離開影片去查看訊息。

一般人看影片被打斷後再回頭看原先的內容，可能要花25分鐘才能恢復情緒，甚至回過頭來，原先在看的內容已經滑走，觀眾也不會花時間再去回放。你必須在觀眾被干擾前把內容播完，甚至讓他目不轉睛地看完內容，不受其他事物干擾。

第二，就是**碎片化時間**。現代人手機不離手，上廁所、等人、等車、吃飯……無時無刻都在看手機，而手機最適合的觀看方式，就是手握的直式觀看，而不是打橫觀看，而短影音正符合這項特性，因為小螢幕與碎片化時間的關係，短影音在眼前人人行動上網的5G時代，是大受歡迎的形式。

手機觀看影音的狀況

限制 ▽	建議 ▽	優勢 ▽
干擾性強	**製作短影音**	**直式螢幕**
容易因為 外在因素中斷	吸引眼睛注意力 迅速的完播率	手機不離身 方便攜帶及觀看

〔重點三〕TikTok與抖音的差異為何？

就本質來說，有點像是哥哥和弟弟，因為都是中國母公司「字節跳動」旗下的產品，抖音是哥哥，TikTok是弟弟。在一般家庭中，家長習慣在哥哥身上測試各種管教方式，再從中篩選出有用的方式在弟弟身上施行，所以我們可以從抖音現在的發展狀況來預測未來TikTok的發展走勢。

以中國來說，目前最受歡迎的商業模式就是「興趣電商」、「直播電商」以及「本地生活」曝光三種。

中國最受歡迎的**商業模式**

① 興趣電商
② 直播電商
③ 本地生活

其中，興趣電商就是當用戶刷抖音的時候，平台演算法猜你目前想吃牛肉麵，就推薦牛肉麵宅配包開箱短片給你，刺激你購買欲望主動創造需求，不需要花錢買廣告，演算法主動幫你找客戶。

直播電商就是平台將直播間推送給感興趣的觀眾，透過直播即時互動和商品解說，獲得資訊提高信任，達到線上購買的過程。

這兩者也是未來經營TikTok時，必須特別關注的重點。

【重點四】未來所有生意都會變成內容生意

目前大家手機上網90%的時間都觀來看影音內容，以短影音來說，你們知道TikTok（不包含抖音）一天的全球影片

觀看量總共多少分鐘嗎？總共是446.1億分鐘！這一天的觀看量如果給一個人來看，他必須要回到尼安德塔人[1]時代一路看到現在。

這麼巨大的觀看裡包含人們的注意力和時間，如果你的產品曝光在這流量中，而且，這個流量還是平台根據觀眾興趣推薦的內容，而不是廣告付費搶眼球的曝光流量。

投觀眾所好，他們更樂於討論、互動甚至購買。同時如果你能比競爭對手優先透過興趣內容推薦，接觸到潛在目標人群，商機不就來了！

只要能理解這道理，在短影音時代，就能將所有的行業重新玩一遍。

如何抓住流量商機

① **置入產品資訊**：在熟悉的人事時地物置入產品。
② **抓住精準顧客**：提早比競爭對手接觸精準TA。

1　一群生存於舊石器時代的史前人類。

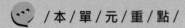

/本/單/元/重/點/

一、5G時代最受歡迎的媒體形式是什麼？

二、短影音為何如此受歡迎？

三、TikTok和抖音的差異

四、未來所有生意都會變成內容生意

課堂
問題

你認為TikTok在臺灣還只是青少年／女用的APP嗎？還是不這樣認為呢？想法上的差異在哪裡呢？

TikTok和其他社群的差異？
揭密各大平台不同之處

講師：617

　　人人都說現在是自媒體的時代，市面上也有各種不同的社群平台可供大家使用，包含FB（Facebook）、IG（Instagram）、YouTube、TikTok、Podcast（請參見右表），透過這個表格，可以清楚了解各平台「全球的月活躍用戶」、「臺灣的月活躍用戶」及「男女的比例」。

　　由於Podcast是在手機或電腦等行動裝置上進行播放的廣播節目，所以許多音樂平台都擁有這樣的節目，但目前還未有各平台使用Podcast人數的總和數據，因此較無法判斷。

臺灣各社群平台用戶數據

製表時間：2022 年初

平台	全球月活躍用戶	月活躍用戶	臺灣比例	男	女	
（f）	28 億	1900 萬	0.82	46	54	**平台溝通對象**：中老年族群 **功能**：傳達一般資訊
（IG）	20 億	740 萬	0.32	43	56	**平台溝通對象**：18-34 年輕族群 **功能**：傳達形象
（YT）	23 億	1600 萬	0.69	53	47	**平台溝通對象**：大眾 **功能**：傳達影音形象和資訊
（抖音）	10 億	500 萬	0.21	47	53	**平台溝通對象**：最年輕族群 **功能**：娛樂平台、快速產內容

從上表可見FB的全球使用者最多，但目前還是如此嗎？其實FB已經慢慢失去一些年輕使用者，他們多半將之當作佈告欄使用，較不會積極在FB上互動和社交，反而逐漸成為中老年族群喜愛的社群平台。

再說到IG，其全球的月活躍用戶蠻多的，但在臺灣大概只占700多萬，在眾社交平台中的使用占比並不是非常高，男女比例約1：1，但18~34歲的年輕族群是最核心的使用者，超過這年齡層以上的人基本上較少會使用IG。

臺灣各社群平台用戶數據

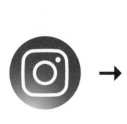

全球月活躍用戶	20 億
月活躍用戶	740 萬
臺灣比例	0.32
男	43
女	56
平台溝通對象：18-34 年輕族群 功能：傳達形象	

YouTube就更不用說了，你我都熟悉，自Google買下YouTube之後，只要在Google搜尋任何東西，YouTube的頻道就一定會出現在首頁的最上面，所以它雖然沒有明確的使

用用戶數，但基本上，會上網和使用Google的人多數都會使用到YouTube。

臺灣各社群平台用戶數據

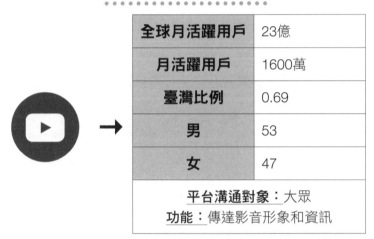

全球月活躍用戶	23億
月活躍用戶	1600萬
臺灣比例	0.69
男	53
女	47
平台溝通對象：大眾 **功能**：傳達影音形象和資訊	

至於TikTok，和YouTube一樣也是影音平台，不同的是，YouTube是長影音平台，TikTok是短影音平台。雖然現在YouTube也有YouTube Shorts，具備短影音的功能，但截至2020年初，TikTok的用戶已達500萬人，與IG的差距愈來愈小，且男女比約1：1。相對於YouTube在搜尋上具有優勢，TikTok更像短影音的娛樂平台，很多人在閒暇之餘都會打開

手機滑TikTok，常常一不小心就滑超過半小時、一小時，在國外，TikTok也超越許多頗具指標性的社群平台，如FB和YouTube，所以這也是本書要教大家如何製作TikTok影片的原因。

臺灣各社群平台用戶數據

全球月活躍用戶	10 億
月活躍用戶	500 萬
臺灣比例	0.21
男	47
女	53
平台溝通對象： 最年輕族群 **功能：** 娛樂平台、快速產內容	

在所有社群平台中，Podcast較為特殊，因為它是純音頻的一個平台，較類似傳統的廣播節目，但發展到現在，Podcast愈來愈成熟，整個生態圈也愈來愈擴大。

但說實話，經營自媒體的我們若只能選擇一個平台的話，我個人還是比較偏向TikTok，如果你使用TikTok影片去經營你的自媒體，拍攝一個影音內容，除了Podcast無法跨越外，可直接同步上傳到FB、YouTube、IG等平台，等於花一次工可以放四個平台，我覺得CP值是最高的。

　　比較完常用的各種社群平台後，接下來要討論的是「**你究竟適合哪一個平台？**」

　　每個人的能力都不一樣，適合的平台也不同。如果你本身欠缺圖像能力、影像能力，但聲音超級好聽，而且使用聲音傳遞訊息時超有魅力，或許適合Podcast；但如果圖像能力很強，可能適合IG。簡單來說，聲音能力強的人適合Podcast，圖像能力強的人適合IG或FB，但如果有能力經營影音的話，我覺得TikTok是最適合的，因為它可以包辦所有的平台。

你適合使用哪個平台？

· · · · · · · · · · · · · · · · · · ·

聲音 ▽	圖像 ▽	影音 ▽
Podcast	IG、FB	TikTok
適合聲音能力強、喜歡談話的人	適合部落客、網紅喜歡繪圖&寫文章	適合影音創作者可以包辦所有平台

為什麼我們會強力推薦大家使用TikTok頻道作為你自媒體的最核心工具呢？

【重點一】短影音時代，碎片化讓短影音成為趨勢

現代人生活忙碌，而且各種通訊軟體的出現，也讓大家的時間愈來愈瑣碎，在這麼多網路APP爆炸的時代，每個人的時間愈來愈碎片化，幾乎沒有完整的時間可以去享受一個完整的影音內容。

大多數人的時間都很零碎，可能只有幾分鐘而已，在只有3分鐘、5分鐘的休息時間下，你可能不會想看YouTube影

片，因為或許看不完一支完整的影片，但滑一滑TikTok，便能夠看完好幾支短影音。所以伴隨碎片化時間帶來的是短影音市場的爆發。

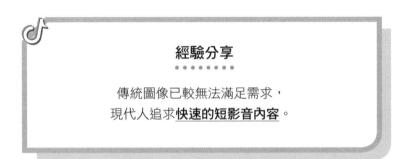

經驗分享

傳統圖像已較無法滿足需求，
現代人追求**快速的短影音內容**。

【重點二】所有對手都視TikTok為假想敵

YouTube、IG與FB現在都在做同樣一件事，亦即加入短影音的服務，為什麼要這麼做呢？因為大家都發現，傳統的圖像已經無法滿足現在用戶的需求，就連YouTube這種長影音頻道也在不斷地縮減內容，試圖進軍短影音，可見短影音是個趨勢。

你我都知道大企業在做任何決策時，一定都會經過嚴謹的判斷和分析，所以就連YouTube這種龍頭企業都願意在它

的APP裡加入短影音服務，表示什麼？表示他們已經發現現在使用者的行為已經出現變化，所以他們不得不加入短影音的戰場，而這個戰場的元老是誰？誰最具有網路效應？那就是「TikTok」！

【重點三】一個作品可以有更有多種用途

誠如前面講過的，以目前的狀況來說，你只要能夠拍出一支60秒以下的影片，就可以一次性放在YouTube、IG與FB上一體適用。或許理論上，不同的社群媒體應該有不同的經營方式，但回歸到現實層面來說，當你是個人創業或是一個小小的創作者，希望可以同時經營很多平台的時候，我們都知道最理想的狀態是，用不同的方式經營不同的平台，但實際上合理的方法還是，拍攝一段影片就可以放在不同平台，這樣的效率是最高的。

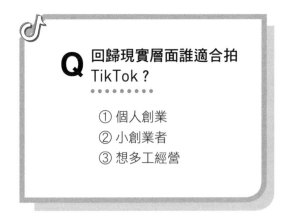

Q 回歸現實層面誰適合拍 TikTok？

① 個人創業
② 小創業者
③ 想多工經營

【重點四】TikTok的製作成本相對的低

TikTok的玩法非常多元，可以用傳統的攝影方式，拍攝一支比較嚴謹的「戲劇」或「口說」；也可以直接透過手機內建的攝影工具，拍攝出一支時長僅幾秒鐘的有趣或好玩的影片。

TikTok是所有社群裡門檻最低的。如果你是個部落客，得需要撰寫長篇文章或拍攝大量照片，再進行排版、修飾，但若透過TikTok便只需要在玩的同時，順便將看到的畫面直接拍攝下來，當場就能完成影片直接上傳，所以它的製作時程是非常快速的。

製作方法

① 傳統戲劇、口說拍攝
② 手機現成工具拍攝

補充：入行門檻
只要一支手機就能快速完成

【重點五】TikTok是目前唯一一個
流量與粉絲數不成正比的平台

　　傳統的社群媒體，粉絲數多少，流量就會在這個粉絲數上下區間擺盪，粉絲數愈多，可能創造愈大的效果。但TikTok的演算法比較特殊，所以會發現有些影片才剛上架，就出現幾萬或幾十萬的觀看數，這是其他平台都不曾發生的。

　　為何說TikTok演算法比較特殊？首先TikTok平台流量的分布普遍來說，85%來自平台推薦、5%來自關注和主頁、5%來自音樂標籤，最後5%則來自搜尋，這就是一個TikTok帳號的流量分布狀況。

　　一般你在FB、IG等社群發布的內容，都是給你的粉絲觀看的，少有爆款會觸及到同溫層以外的人。但TikTok演算法的推薦方式，是當你的影片第一層流量池只要表現優異（如：播放量預計約500），就會進到下個流量池，而下一個流量池同樣也表現優異（如：播放量預計約800~1000），又會進到下個流量池，以此類推。相比其他社群平台，

TikTok較常接觸到非同溫層的陌生群眾。

　　所以TikTok是以平台中心化的方式主動幫觀眾推薦內容，依照每一個觀眾他的興趣去做中心化的個人化推薦方式。簡單來說，就是平台會主動幫你的帳號拉觀眾。對眾多新手創作者來說這個平台相對公平，只要影音內容不錯就有機會破圈，更快地讓別人「看見」你的才華或能力。

【重點六】TikTok在所有社群中相對有較多紅利

　　TikTok是抖音的國際版，所以在不同國家的發展程度都不大一樣。以臺灣來說，目前變現模式並不多，所以較少人投入發展，在這種情況下，可預期TikTok未來將會成為一頭巨獸，但現在呢？由於還沒有那麼多人發現它，在競爭者比較少的情況下，現在投入成為TikTok創作者所能獲取的紅利會是最高的，因為在很多領域很多賽道可能都還沒有人進來成為該領域的「KOL」（Key Opinion Leader，關鍵意見領袖），所以如果你錯失了五、六年前YouTube的紅利期，現在絕對不要再放過TikTok的紅利期了。

　　雖然這個單元主要與大家分享各種社群平台，但你如果

不排斥影像的話，在此強烈建議把TikTok當作最主要的經營平台，在最短的時間內走完創作者的0到1。

以臺灣TikTok為例

現況 ▽	預期 ▽	趨勢 ▽
人數少	**發展快**	**紅利高**
變現模式不太多，發展投入機會大	按照中國抖音模式未來將成為巨獸	目前競爭者較少，獲取的紅利也較高

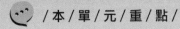/ 本 / 單 / 元 / 重 / 點 /

一、影音時代碎片化讓短影音成為趨勢

二、所有社群都視TikTok為最大的假想敵

三、TikTok可以一個作品有多個用途

四、TikTok製作成本相對比較低

五、TikTok是目前唯一一個粉絲數與流量不成
　　正比的平台

六、TikTok還屬於紅利期

課堂問題

你覺得你最適合經營的平台是哪一個？而你會想把TikTok當作你經營的主要社群平台嗎？

該如何正確使用TikTok？
經營TikTok的長期價值

講師：石總監

　　該如何正確使用TikTok？為何需要了解這些呢？因為一般人在網路上獲得流量之最有效的工具就是TikTok，沒有其他。

　　為什麼是TikTok呢？因為短影音的製作門檻最低、觀眾群涵蓋範圍最廣，所以最適合素人投入網路創業，而所有的短影音平台中，最需要抱住的就是TikTok。

【重點一】了解觀眾最需要被滿足的需求

　　如何運用TikTok？要有利他思維，首先，要了解的是觀眾想在TikTok上獲得什麼？TikTok的本質就是短影音版的FB，而FB的本質是什麼？**FB的本質是社群**。大家使用社群平台就是為了透過興趣內容，找尋與自己志同道合的網友互動，討論彼此感興趣的事物。

為何要學TikTok？

原因1 ▽	原因2 ▽	原因3 ▽
最有效工具	**製作門檻低**	**影片流量高**
在已有社群中 最容易獲得流量	只要有手機 人人都可以拍	觀眾人群 涵蓋範圍最廣

其次，是為了**學習**，因為現在每個人都可以透過手機，利用碎片化時間在娛樂中去學習自己想了解的知識，譬如健身、理財、情感或心理層面等。最後，就是**滿足消費**，透過手機上網，任何人都可以在各式各樣的場合，想買什麼就買什麼。

大部分觀眾在TikTok上需被滿足的興趣類別，主要是交友、學習與購物。

觀眾使用社群平台的目的？

交友 ▽	學習 ▽	消費 ▽
興趣取向	**碎片化時間**	**線上購物**
透過興趣內容結交志同道合的朋友	運用碎片化時間透過娛樂來學習	在各種的場合都不會受到消費限制

【重點二】未來TikTok會取代誰？

隨著TikTok的爆發性發展，2021年已經登上世界流量之冠，未來誰會被取代呢？其中又隱含哪些商機？很值得我們去思考。

請想想，在手機上網盛行之前，一般人都是透過電腦上網，在那個時代，想知道什麼、買什麼、做什麼，是不是都需要先去搜尋訊息？比方說找美妝用品要先上FashionGuide瀏覽；找3C、汽車資訊要先去Mobile01看看；找房、租屋得先到租房網搜搜看……，所以搜尋內容電商的發展非常蓬

勃。但已進入手機上網時代的現在，如果凡事還得先主動搜尋資訊，這樣的操作方式是不是比較不方便，問問你自己上次用手機搜尋是多久之前？用手機操作上網搜尋是否相對不方便？

電腦上網時代

① 人主動找訊息
② 搜尋內容電商蓬勃發展
EX：租房網、FashionGuide

手機上網時代

① 內容資訊去找人
② 平台主動推播內容

補充：主題要明確
內容主題要明確垂直，讓平台可以辨識出來。

所以現在轉變為內容資訊去找人，只要打開各式各樣的社群平台、影音平台，平台就會主動根據你目前、當下感興趣的內容，把內容資訊推薦給你。關鍵就在這裡，如果你今天從事的是醫療資訊，或提供租屋資訊，或做美妝內容開箱，還是從事美食餐飲業……，你該如何讓平台知道，並把你的影片傳給感興趣的人來看呢？這是任何人做TikTok都必須了解的重要概念——**內容主題要明確垂直，讓平台可以辨識，才能幫助你的內容精準推播給感興趣的觀眾，並從中創造商業機會。**

【重點三】經營TikTok的長期價值在哪？

經營TikTok的商業價值何在？前文有提到，當未來從「人去找資訊」轉變成「資訊去找人」之後，最大的商業價值就在於消費者購買商品時會選擇品牌，而消費者與商品中間隔著的就是流量（請參考第60頁），所以所有的商業價值都在於解決這個流量的問題，比方透過網路廣告。當消費者要購買產品，在挑選品項、選擇品牌時，透過購買流量廣告去插隊播放廣告，就是一種引導流量、捕捉消費者的方式。

那麼，TikTok的價值在哪裡呢？這些想購買某些產品的觀眾平常會觀看非常多的內容，如果你的品牌能率先在這些內容流量中曝光的話，即等於做了一個付費插隊的動作，也就是所謂的「知名度」。當觀眾真的有需求要購買同類產品時，他會優先考慮自己日常觀看的內容中經常出現的品牌，於是你就有機會被消費者優先購買，這也就是我們常說的「內容興趣電商」。**內容興趣電商就是TikTok未來一個最大的商業價值。**

　　而且，在之前搜尋電商時代，要你輸入關鍵字後平台才能推薦你想要的，無法精準猜到你想要的。但內容興趣電商時代，平台演算法可以根據你平時按讚、留言、分享和觀看時間等互動數據，來猜你是哪一類人，目前有什麼潛在需求，然後主動推薦你可能會感興趣的內容給你。

　　這個商業價值和機會是非常大的！因為搜尋電商時代，流量排名必須要花錢去買，是資本家和公司的機會。但是興趣電商時代，你把內容做好就有機會被平台推薦，每一個人都有機會，個體能力會被放到最大。

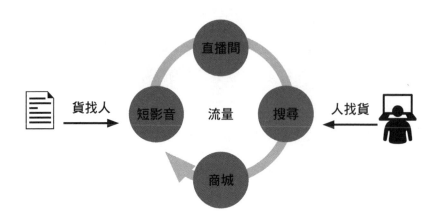

/本/單/元/重/點/

一、你要了解觀眾上TikTok他們最需要被滿足
　　需求是什麼？

二、未來TikTok會取代誰？

三、經營TikTok的長期價值在哪裡？

課堂
問題

你經營TikTok是想要實現什麼目標？

TikTok**的帳號類型與定位**

講師：石總監

賽跑必須先選準賽道再奔跑，換句話說，要先有目標，朝目標方向前進才會有目標感，才可能持續地往前奔跑。經營自媒體就像參加馬拉松，而不是短跑比賽。

【重點一】**目前臺灣TikTok常見帳號類型**

目前臺灣TikTok上有哪些帳號類型？該如何尋找呢？方法眾說紛紜，本文就透過比較客觀的方式來分析目前臺灣TikTok的常見帳號分類。

帳號類型

才藝表演、搞笑娛樂、美食料理、生活探店、開箱評測、影視剪輯、知識口說、戲劇、VLOG

當你打開TikTok APP時，會出現「加入創作者計畫」頁面，列出你可以申請的帳號類型，包括才藝表演、搞笑娛樂、美食料理、生活探店、開箱評測、影視剪輯、知識口說、戲劇或個人Vlog等（光分類就超過六種以上），你要做的就是選定自己想要的帳號賽道類型。

【重點二】如何在起步階段選擇帳號類型與定位？

這時，你一定會想：「我應該如何選擇賽道呢？」假設你是個普通素人，在沒有資源、經營能力也不夠的情況下，應該如何正確選擇適合自己，並且在起步階段比較不容易陣亡或失敗的賽道？

如何選擇起步類型帳號？

① **不擅長口語表達**：建議選擇「真人不出鏡」方式
EX：影像預錄、畫面拼接、聲音後錄
② **擅長於口語表達**：建議選擇「真人出鏡」方式，透過影像平台幫你接觸更多人。

以下有兩種方向可供參考：

第一種方向，如果你的口語或表達力不是很好，可以選擇**真人不出鏡**的方式，也就是預錄影像或拼接畫面，再加入後錄聲音，帳號類型建議選擇影視剪輯、生活探店、開箱評測等，這些類型都可以預先按照腳本錄好畫面，或按照腳本尋找對應的相關影視素材，最後再配音進行後製就可以了。

推薦類型

才藝表演、搞笑娛樂、美食料理、**生活探店、開箱評測、影視剪輯**、知識口說、戲劇、VLOG

第二種方向，如果你對於自己的口語表達能力有信心，非常建議你一開始就直接採用**真人出鏡**的方式，畢竟經營自媒體的關鍵還是在賣臉，若要藉由影像、透過平台來接觸更多人，影片露臉能獲取較高的信任值。所以普通素人如果決定選擇真人出鏡，建議你：第一、可以秀才藝，第二、可以

用知識口說的方式，第三、可以用娛樂搞笑來呈現，或是採用個人Vlog的方式。

推薦類型

才藝表演、搞笑娛樂、美食料理、生活探店、開箱評測、影視剪輯、**知識口說**、戲劇、VLOG

【重點三】該如何幫你的頻道做定位？

分析完普通素人該如何選擇帳號類型，選好賽道之後呢？關鍵來了，該如何為自己的頻道定位？

定位非常重要，打靶要準必須找到靶心，同理，經營TikTok帳號必須為頻道定位，頻道定位也就是靶心，這個靶心為何你知道嗎？我們經營帳號的本質並不是在經營你自己，而是在經營人群。到底要透過TikTok讓平台幫你找到哪些觀眾呢？這些觀眾就是你的目標經營人群。所以**定位最簡單的方式就是明確定義你要經營的目標人群是誰？**他們有什麼需求沒有被滿足，而你的內容幫他滿足需求和解決問題，

有助於平台幫你做比較精準的推薦和引流。

簡單來說，我們都知道，寶媽會吸引寶媽、男生比較吸引男生，譬如石總監的「上班黑客」的觀眾近60%都是男性，最近已經提升到30%是女性，而女生相對是比較容易吸引女生的，因此要做好定位也就是確定你要經營的目標人群是誰？

經驗分享

要明確定義目標人群有哪些平台才能夠**精準推播引流**

以下分享三種簡單定位人群的方法：

首先，**找出你的人群是誰**？人群定義要很清楚，例如有工作的寶媽，年齡介於25~35歲。

人群定義清楚之後呢？接下來，就是了解這些寶媽**喜歡看什麼內容**？很明顯地，女性喜歡看的是情感、知識學習或是美食料理相關內容。

最後是這些女性**喜歡什麼樣的人**出現在影片裡？以什麼形象出現？比方說年輕的寶媽比較喜歡看偏瘦型的男生，若是35~50歲，即將步入輕熟女的女性，則比較喜歡看壯一點的男生，所以你就要按照這樣的人設形象出現在影片中。

簡單定位人群的方法？

方法一 ▽	方法二 ▽	方法三 ▽
找出TA	TA興趣	TA喜好
EX：性別、工作、年齡	EX：喜歡看什麼內容	EX：人物形象呈現

簡單來說，定位就是你需要明確定義你的經營人群是誰？他們會想看什麼類型的內容？他們會喜歡這個內容出現什麼樣的人物來陳述這個主題。

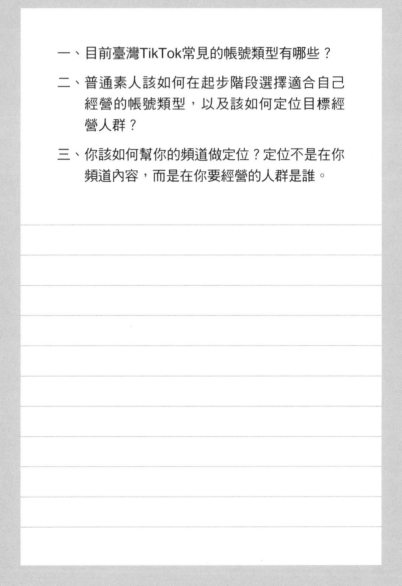

/ 本 / 單 / 元 / 重 / 點 /

一、目前臺灣TikTok常見的帳號類型有哪些？

二、普通素人該如何在起步階段選擇適合自己經營的帳號類型，以及該如何定位目標經營人群？

三、你該如何幫你的頻道做定位？定位不是在你頻道內容，而是在你要經營的人群是誰。

課堂問題

如果你是個上班族,想在工作之餘發展個人副業,那你經營TikTok應該選擇的帳號類型及目標人群是哪些呢?

TikTok演算法

講師：石總監

玩遊戲得先了解遊戲規則，譬如玩德州撲克，總該先了解德州撲克的遊戲規矩吧！同理，當你打算要經營TikTok時，勢必得先了解TikTok平台的演算法與規則，如此才可能在眾多玩家中勝出。

【重點一】TikTok流量分布狀況

在了解TikTok的演算法前，我們要先了解TikTok平台流量目前分布的情形，一般來說，85%來自「平台推薦」，5%為來自「關注」和「主頁」，另外5%來自「音樂標籤」，最後5%則來自「搜索」，這是一個TikTok帳號的流量分布狀況。

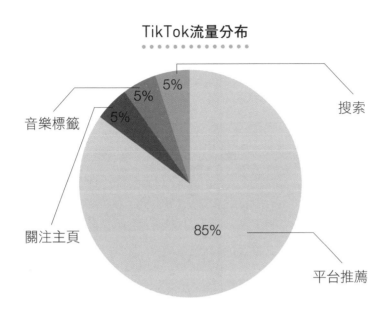

TikTok流量分布

搜索

音樂標籤

5%

5%

關注主頁

5%

85%

平台推薦

【重點二】TikTok演算法機制

　　TikTok演算法是以平台中心化的方式，主動為觀眾推薦內容，但推薦方式卻是依照每個觀眾的興趣做去中心化的個人化推薦。簡單來說，就是平台會幫你的帳號主動拉觀眾給你，那麼你怎麼做才能讓平台幫你拉更多觀眾進來呢？三個

字——「**拉、留、存**」，你一定要做到這一點，平台才會幫你從「初始冷啟動流量池」一直往上走。

講述演算法的方式非常多，也非常複雜。在帳號剛發布、也就是在將近500播放量時，即所謂的「冷啟動階段」；當「冷啟動階段」從500升到800左右，越過800播放量之後，就會到達「初階流量池」，也就是到800~1000之間，70~80%的帳號影片都只能到達「初階流量池」，充其量3000~8000的階段就停了，不再推送，只有20%的人有機會到達「第一階流量池」，也就是所謂的「預備上推流量池」，能擁有破萬的觀看量，此時，依照影片的權重，有機會被平台選中，繼續往上推到「中階流量池」、「10萬流量池」。若「完看數據」與「互動數據」非常好，還可能繼續往上拉到「爆款流量池」，也就是10萬以上的播放量，所以它是一層一層推進。

演算法如何推薦內容？

① **冷啟動階段**：帳號剛啟動時約500播放量會擴圈
② **初階流量池**：播放量約為800-1000會到此階段
③ **預備上推流量池**：20%的人會擴圈到此階段
④ **中階流量池**：依照影片權重有機會被繼續往上推
⑤ **爆款流量池**：完看率&互動率若良好有機會被擴圈

影片的權重標準包括「互動」、「完播」與「停留時間」，依照同時間長度影片做平行賽馬機制（即競爭之意），誰的權重好誰勝出。

Q 影片權重主要看那些？

① 互動率
② 完播率
③ 停留時間

在「初階冷啟動號階段」看的就是前影片10%的「停留率」。如果片長50秒，10%就是5秒，相較其他也是片長50秒左右的影片，

你要在前5秒讓更多觀眾停留下來，停留時間愈長，就算勝出，就有機會突破第一「冷啟動階段」，陸續上推到「初階」、「中階」與「預備爆款流量池」等階段，到了這幾個階段，看的就是影片的「互動率」及「完播時間」。

【重點三】如何增加用戶在影片中停留的時間？

很多老師都會跟你說「完播率」很重要，但我們如何知道自己的影片「完播率」好不好？有沒有什麼方法可以增加影片的「完播率」呢？

「完播率」就是觀眾在影片停留的時間長度，有什麼方法可以增加觀眾在影片的停留時間？讓他能夠多點時間停留在影片留言區，進行留言或看留言？這裡有一個技巧可以增加影片的「完播率」，在影片發布後，你必須到影片下方留

經驗分享

影片發布後到下方**留言開話題**確保留言區風向及增加完播率。

言區去**開話題**，讓觀眾順著你的風向看留言、願意去留言，這麼做可有效讓觀眾延長停留時間，而大幅提高影片的「完播率」。

為什麼這麼做可以增加完播率，因為「冷啟動階段」，平台重視的是帳號「拉、留、存」的能力，尤其是影片前10%的時間；步入「初階」、「中階」與「預備上推流量池」時，平台檢視的是影片的「互動率」以及用戶的「停留時間」。

各階段能否向上推播的依據

Step1 ▽	Step2 ▽
冷啟動階段	**初階流量池以上**
影片前10%的時間 重視「拉留存」的能力	平台向上推播的標準 互動率&用戶停留時間

/本/單/元/重/點/

一、TikTok流量分布的狀況

二、TikTok演算法機制

三、如何增加用戶在影片中停留的時間？

課堂
問題

如果你的影片近一個月都只停留在「冷啟動階段」500~800左右，都沒有破1000，那你該先選擇哪一個指標來增加影片權重，突破「冷啟動階段」到「初階流量池」呢？

在TikTok上哪些禁忌內容是不能發的？

講師：617

　　我們都知道在經營任何社群之前，都要先了解遊戲規則。當一個平台的規模愈來愈大時，就有愈來愈多的人加入，加入的帳號愈來愈多，也就不時會出現一些有問題的帳號，甚至會摻雜一些不好的帳號。任何一個大型的社群都會透過機器與人工的方式，去篩選掉一些不適合在這個平台露出的內容，所以當我們在創作的過程中，如果不慎拍攝到一些平台不喜歡的內容，輕則影片會消失不見，重則就是整個帳號消失，讓我們的努力全付諸流水。但有時候我們並不是故意的，只是不小心踩到線怎麼辦？所以我們要徹底了解平台的遊戲規則，接下來與大家分享十條在TikTok絕對不能踩的紅線。

【重點一】在TikTok上十條不能踩的紅線

TikTok官方已經明確的告訴我們在拍攝短影音時，哪些東西是違規的。如何看到這些規則呢？打開TikTok APP在「個人資料」頁面中點選右上角功能鍵，選擇「隱私設定」下拉至「關於」，再選擇「社群自律公約」，即可看到十項不能違犯的錯誤，包含暴力極端主義、仇恨行為、非法行為與管制物品、暴力與血腥畫面、自殺、自我傷害與危險行為、騷擾與霸凌、成人裸露與性行為、未成年人的安全、誠信與真實性、平台安全。

如何看到違規內容？

Step 1 進入「個人資料」頁面
Step 2 選擇「隱私設定」
Step 3 選擇「關於」
Step 4 選擇「社群自律公約」

這十項守則看似很籠統，基本上正常人都不太會去犯，簡單來說，舉凡色情、暴力或任何會導致社會歪風的內容都是禁止。但因為平台本身是透過機器進行第一層的篩選，所以常會聽到明明影片沒什麼問題，卻被平台警告甚至下架，如有些媽媽拍攝自家嬰兒洗澡的畫面，小Baby全身上下只包裹著尿布，並無任何色情成分，但是系統透過AI偵測出畫面裡皮膚裸露的程度過高，所以被判定為裸露的色情影片，這也就是為何影片內容明明是純真的小Baby，卻被判定有色情問題而被強制下架。有時影片內容明明很雷同，但別人拍沒問題，你拍就有問題也申訴無門。

TikTok不能踩的十條紅線

① 暴力極端主義   ⑥ 騷擾與霸凌
② 仇恨行為   ⑦ 成人裸露／性行為
③ 非法行為／管制物品   ⑧ 未成年人的安全
④ 暴力與血腥畫面   ⑨ 誠信與真實性
⑤ 自我傷害危險等行為   ⑩ 危及平台安全

當影片被TikTok警告時該怎麼辦呢？記得要先下架，若不下架，很可能會影響後續其他影片的流量。有時就連喝水時的某些手勢，也可能讓系統誤認為含有性暗示；有時候真的是系統自身過度聯想，但我們沒有辦法糾正系統，只能反求自己，當我們愈來愈習慣系統發生這樣的錯誤之後，慢慢地就會知道哪些東西必須規避。

平台制定規範是為了保護受眾，但這麼大一個平台確實很難完全靠人工去監管，所以在監管的過程中出現誤判是正常的。只要創作者能夠自我約束，不要為了流量走極端，基本上，頂多偶爾才會遇到一些系統的誤判，若一直遊走在紅線當中，頻道就會有被Ban掉的風險。

經驗分享

平台主要是保護受眾
只要能自我約束就能**避免紅線**

/本/單/元/重/點/

TikTok的十大禁忌：

一、暴力極端主義

二、仇恨行為

三、非法行為與管制物品

四、暴力與血腥畫面

五、自殺、自我傷害與危險行為

六、騷擾與霸凌

七、成人裸露與性行為

八、未成年人的安全

九、誠信與真實性

十、平台安全

課堂
問題

你覺得自已在TikTok的創作上，最可能犯以上十項
禁忌中的哪一項規定？該如何避免呢？

PART.2

帳號設定和
內容規劃

TikTok**介面介紹**

講師：617

在了解TikTok的經營重要性後，下一步就是開始使用TikTok，本單元將帶大家看看TikTok的介面究竟是什麼樣子？又該如何使用？

點開TikTok APP後，首先看到的是「首頁」，頁面下方有五項功能，分別是首頁、Now、發布、收信匣、個人資料，以下將逐一介紹。

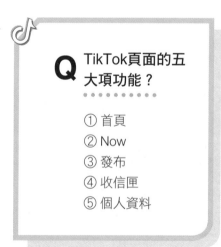

Q TikTok頁面的五大項功能？

① 首頁
② Now
③ 發布
④ 收信匣
⑤ 個人資料

【重點一】首頁

登入APP即進入「首頁」，就會看見系統推播的影片。如果你是初次創立帳號登入，尚未為任何影片點過「愛心」的話，所看到的影片應該都是系統推薦給你的，而當你開始持續關注某些議題之後，才會慢慢看見與你所關注議題相關的影片類型。譬如每次登入後只針對商業類型的影片按讚，其他與娛樂或美女相關的影片都不去點閱，之後你的版上就會出現許多與商業類相關的影片。換句話說，你的使用習慣會逐步訓練系統因應你的喜好推播影片。

首頁

① 剛開始系統會推薦影片
② 系統會依照使用者喜好推薦

「首頁」右側直排第一個頭像就是影片創作者的「帳號」，點進去便可以進入對方的首頁；帳號下方的「愛心」可按讚，並顯示為這部影片按讚的人數；愛心下方的「留言」讓你可以與對方互動；留言下方的「收藏」可以將你喜愛的影片新增至內，往後你可以快速找到自己儲存的影音內容；收藏下方的「分享」可將這支影片傳送給其他人觀看；最後右下角的頭像則是這支影片選用的音樂擁有者的頭像。

　　有些人選用自己的音樂，這裡便會出現他自己的頭像；有些人則選用較多人常用的音樂，便會出現該音樂創作者的頭像。當你看見對方的音樂頭像與影片創作者頭像不同，也覺得對方搭配的背景音樂很不錯時，可以點進右下角的音樂頭像，選擇與影片創作者相同的音樂來搭配自己拍攝的影片。

　　頁面右上角的「放大鏡」代表搜尋功能，如果想搜尋某些特定主題，直接點選這裡，就可以搜尋特定內容。

影片介面

① 創作者頭像＝創作者首頁
② 愛心＝按讚數
③ 留言＝觀眾互動
④ 收藏=收藏影片
⑤ 分享=分享率
⑥ 音樂頭像=選用的音樂

　　左上角的「LIVE」功能是直播，點進去就能看到所有當下這個時間點正在直播的人的帳號。只要是在「LIVE」頁面，不管怎麼滑，所看到的任何影像都是各個帳號正在直播的影像。若你想要直播，可以點擊頁面正中央的「發布」，下方選擇「直播」，設定好你的直播標題、效果等，就可以開始直播囉！

　　頁面正上方中央是「關注中」與「推薦」。「關注中」表示自己目前已關注的帳號，至於「推薦」則是系統主動推薦的帳號。

其他功能

① 放大鏡：可以搜尋特定主題
② LIVE：正在直播的帳號
③ 關注中：可看到正在關注的人
④ 推薦：可看到系統推薦的人選

【重點二】Now

接下來介紹的第二個介面是「Now」，按鍵位置在頁面下方、「首頁」右側。

TikTok Now是TikTok近期新開發的應用程式，是獨立的應用程式，與 BeReal 此APP有高度的相似性。此程式可以單獨使用，也可以搭配 TikTok 使用，是和你的TikTok 帳號綁定一起的。TikTok Now主打每天都要在限時的時間內（3分鐘）錄下或拍下一段10秒主鏡頭與背面鏡頭的畫面，因為

時間很短，無法後製，更能真實呈現創作者的狀態。

【重點三】發布

第三個介面是「發布影片」，只要按下頁面下方中間的「＋」鍵便可以開始在TikTok上進行創作，事實上所有影片的拍攝都是從這裡執行起的（後續將會告訴大家操作細節）。

這裡有件事得特別提醒大家，就是當我們成為創作者之後，檢視「後台數據」非常重要！它可以幫助你掌握你的帳號粉絲的性別、年齡、地區、特性等，給予判斷是否現在的經營方向與最初設定的目標相同。如何檢查「後台數據」呢？有兩項數據很重要：

一、**整體數據**：進入個人資料頁面後，點選右上角的三條線，再按「創作者工具」，進入該頁面後，選擇「一般」下的「資料分析」，就會出現你在活動時間期間的互動次數，可透過影片觀看、按讚、評論、分享次數以及總觀看次數等。

整體數據

Step 1 選擇「創作者工具」
Step 2 選擇「資料分析」

補充：整體的互動數
觀看影片、按讚、評論、分享數等

　　二、**觀看單支影片的成效**：首先點選任一支影片（通常影片發布後，至少須經過一天，才能檢視這項數據），進入後選點影片右下角的「其他資料」，就會顯示該支影片的「總播放時間」、「平均觀看時間」、「已觀看完整影片」以及「新粉絲數」，下方還有這支影片的「關注的來源」，譬如「為您推薦」與「關注」。一般來說，只要看到「為您推薦」的比例非常高，就代表你已經擴圈了，若比率高達99：1或98：1，應該就是被推上熱門了！

　　至於影片的來源地，只要語言是選擇繁體中文，基本上

就是以臺灣的影片為主，但還是免不了會摻雜部分其他亞洲國家來源的影片。

觀看單支影片的成效

Step 1 點選任一支影片
Step 2 選擇「其他資料」

補充：影片發布後，至少需經過一天才可檢視數據

【重點四】收信匣

接著介紹的介面就是「收信匣」，頁面下方「＋」右側的功能鍵即是。

點選進入收信匣時，系統會主動詢問：「開啟活動通知？」若你選擇開啟活動通知，後續只要有系統通知、有人傳送訊息給你或關注你，只要對你有任何動作都會通知你，

可能每天都會收到很多訊息，令你不勝其擾，不妨直接關閉
「推播通知」（個人資料／右上角三橫線／隱私設定／內容
和活動／推播通知）。

　　點開「收信匣」，最上方會出現你所關注帳號的限時動
態，或正在直播的通知；下方則是「活動」，只要有任何人
對你的影片按讚或者留言，這裡都會出現相關訊息。

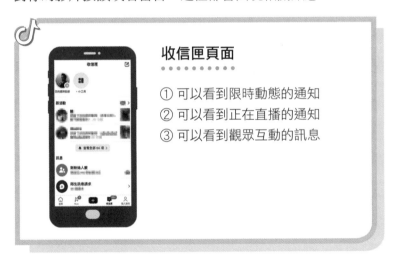

收信匣頁面

① 可以看到限時動態的通知
② 可以看到正在直播的通知
③ 可以看到觀眾互動的訊息

　　為了避免陌生人騷擾，一般都會關閉留言的陌生通知功
能（個人資料／右上角三橫線／隱私設定／內容和活動／應
用程式內通知／私訊），所以如果對方還不是你的朋友，傳

來的訊息你就可能看不到，此時便需要打開「應用程式內通知」才能收到陌生訊息。

【重點五】個人資料

「個人資料」才是真正的個人首頁，這個首頁上面會出現你的大頭照，可以選擇自己常用的社群頭像，建議與FB、YouTube使用同樣的頭像，以免YouTube上的朋友因為TikTok的頭像照片與YouTube不同把你當陌生人，而損失主動認識你的機會。

頭像上方是帳號的名稱，頭像下方是你的使用者名稱，也是你的ID——小老鼠（@）後面接英文和數字，可自行設定，可以讓別人更快速地搜尋到你；下方是你關注的帳號、目前的粉絲數、帳號頻道目前獲得的按讚數；接下來是「編輯個人資料」，點進去後可變更你希望呈現的內容（包括頭像、名稱），也可以加入IG、YouTube、Twitter的連結；最下方就是你發布的影片、你的私密影片、收藏的影片音樂以及按讚的影片等，把自己比較喜歡的影片、音樂、特效、評論上傳後，都可以在這裡查找得到。

有一點要提醒大家注意，那就是目前臺灣的「TikTok」是很難變現的，但目前官方提出一個可以對外連結的地方，就在「編輯資料」中的「網址」。只要把自己想要導出去的鏈結放在這裡，例如YouTube、IG等社群平台，或是可以使用第三方服務將網址整合在一起，如LinkBy，它可以幫你把所有社群平台連接進行整合，方便大家查找。

個人資料鏈結

① 個人簡介
② 社群平台連結
③ 顯示所有第三方服務

/本/單/元/重/點/

一、首頁

二、Now

三、發布

四、收信匣

五、個人資料

課堂問題

大家在操作介面上有遇到什麼困難嗎？

如何規劃腳本，
持續輸出好內容？

講師：石總監

腳本是短影音內容的核心，就像蓋房子，鋼骨地基打穩了房子才能蓋得好。做好內容的前提是要有好的腳本，只要懂腳本的基本核心公式，就有機會持續產出好的內容。

【重點一】高流量爆紅影片的三元素

要規劃一個好腳本，首要先了解高流量爆紅影片包含哪些基本元素？

一、音樂：音樂是短影音內容中最重要的元素，因為我們

> **Q** 短影音爆紅三元素？
> ・・・・
> ① 音樂
> ② 驚奇
> ③ 槽點

最先聽到的就是聲音音樂，尤其會對熟悉的音樂與平台、最近爆紅的音樂特別感興趣，適合的音樂相對地就比較容易讓我們繼續觀看影片內容。

二、**驚奇**：所謂的「驚奇」就是要創造觀眾觀看影片時的情緒，而且這個情緒必須有能「付諸行動」的情緒，亦即「高喚醒情緒」，譬如「憤怒」，若有人在臉書發文說他的小貓去世了，可能會令你情緒低落，也許會按個讚，但不會留言；但若是發文說樓下鄰居虐待他家小貓，也許你就會憤怒，這個憤怒的力量會讓你去留言或分享，所以憤怒就是讓觀眾做出行動互動的一種強烈情緒。

除了憤怒，還有什麼情緒也會引發行動？譬如「敬畏」，當你看到一個特技演員或是一個跑酷（Parkour）的影片，會不會讓你產生「哇！（驚訝）」的反應，這種「哇！」也會讓人產生高喚醒情緒，讓你想把影片看完。

最後一個驚奇元素就是「驚嚇感」，人只要看到反轉或是不合理劇情的內容，產生Surprise的感覺時，也是一種高喚醒情緒，吸引你繼續觀看影片。

高喚醒情緒
· · · · · · · · · · ·

① 憤怒：容易引起大眾譴責的強烈情緒
② 敬畏：看到不合乎現實存在的驚訝情緒
③ 驚嚇：超出心理預期受到的反轉情緒

三、**槽點**：簡單來說，「槽點」就是如何讓觀眾願意去留言、互動的關鍵點，需要掌握槽點的幾項元素：

1.**共鳴**：通常影片中只要出現媽媽、阿嬤、小孩、動物等內容都會讓觀眾非常地有共鳴感、共情感，也比較會去留言。

2.**衝突**：劇情中有不合乎常理的安排，譬如騎摩托車不戴安全帽，會有非常多人留言給你：「怎麼騎車不戴安全帽呢？」這樣留言是不是就增加了呢？

3.**有趣**：最後一點是「創造觀眾的優越感」，讓觀眾去嘲諷你。很多素人拍影片都會用自嘲的方式，譬如明明舞跳得很爛、歌唱得很爛，他就是無所謂，也不在乎面子，願意

拍影片與你分享，也許就有觀眾會覺得「哎呀，舞跳得那麼差！歌唱那麼爛！還敢PO影片」，就想留言與他互動，這就是「槽點」。

因此高流量的影片包含「音樂」、「驚奇」跟「槽點」三元素，所以你在的腳本中要去思考是否含有這三個元素。

內容槽點的三大元素？

共鳴 ▽	衝突 ▽	有趣 ▽
貼近生活	**不合乎現實**	**創造優越感**
家人、動物等日常生活的元素	EX：人咬狗騎摩托車不戴安全帽	不吝嗇分享讓觀眾嘲諷自己

【重點二】明確定義你的觀眾和溝通對象

第二個重點是要非常清楚知道TA觀眾（Target Audience，目標受眾）是誰，掌握二個重點：滿足他的好奇心與幫他做自我表達。

一、**什麼是滿足好奇心**？所謂引發好奇心是一種調動觀眾需求的方式，再透過內容來滿足他的需求，讓他滿足需求或超出預期，所以你

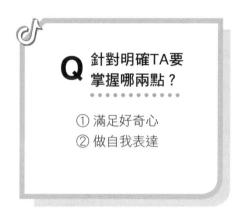

要非常清楚知道觀眾是誰？明確需求是什麼？譬如這樣的標題——「男朋友千萬要記得不要叫女生主動道歉」，你會不會想知道為什麼？

二、**滿足觀眾自我表達**：說出觀眾心裡想說卻沒有表達出來的話，由你幫他們說出來。譬如上班黑客曾經有內容主題是「不要耗費心力在會討厭你的人身上，早點讓會討厭你的人討厭你，反而是件好事」就獲得觀眾熱烈討論，因為現實中大家不想討好自己不喜歡的人，但卻無法脫口而出，藉由你的內容來幫他抒發情緒。另外，類似「不要再說他是親人所以我要對他好」則是幫觀眾來表達內心實話。

【重點三】根據他們的興趣做選題方向

　　第三個重點是要有很清楚的選題方向。記住！選題方向只有一個重點——就是觀眾只會看自己感興趣的內容，所以選題一定要與觀眾有關，除了與自己相關的以外，其他觀眾都不會感興趣。

經驗分享

觀眾只**在意自己**
選題採觀眾視角

　　一般來說，觀眾對三類選題最感興趣，第一就是「**關係**」，未婚的人會非常在意男女間的情感關係，結婚的人則在意家庭的親密關係。第二是「**健康**」，這是非常多人都很在意的選題，通常不願意忌口的人會努力透過運動來維持健康，會特別關注健身議題；不想運動但願意控制飲食的人，會注意養生減脂食物的內容；至於不想運動，也不願意忌口

的人則會關注醫療相關的內容。最後是「**自我成長財富**」，譬如「如何在畢業後三年內存到第一筆買房頭期」，這類選題往往會吸引非常多年輕人的關注。

綜上所述，明確定義出TA是誰，再搭配他們會感興趣的內容，這就是一個好的腳本選題，訣竅就在於——影片永遠只對一個人敘說，而這個人會是一群TA中的一位。

最感興趣的三大主題

① 關係：男女、情侶、結婚、親子
② 健康：運動、健身、養身、醫療
③ 財富：賺錢、投資、開源、節流

【重點四】常見三種短影音腳本結構分析

關於常見的短影音腳本結構，有三種：

一、一般戲劇與口說號：即常用的「S.C.Q.A結構」[2]——S情境、C衝突、Q問題、A解答。

2　SCQA(Situation, Complication, Question, and Answer)
　　Originally, the SCQA was developed to improve consultancy reports. Barbara Minto introduced the framework in her famous book《The Pyramid Principle》in 1985.

譬如以下選題：「當老婆和媽媽吵架時，千萬要先站在老婆那邊」，是不是把情境與衝突創造出來了，同時也引導出一個問題——為什麼先生一定要先站在老婆那邊呢？想不想知道解答，這就是一個很標準的「情境、衝突、問題加解答」的標準口說與戲劇號都適用的結構。

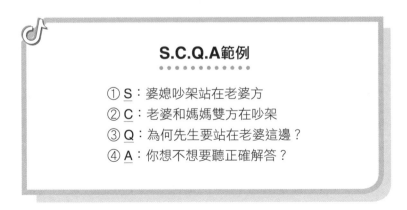

S.C.Q.A範例

① S：婆媳吵架站在老婆方
② C：老婆和媽媽雙方在吵架
③ Q：為何先生要站在老婆這邊？
④ A：你想不想要聽正確解答？

二、**現象－分析－觀點－結論：**這個結構常用在口說號中，譬如有一支「為何刷讚並不會限流」的教學影片曾在平台上創造不錯的流量和討論度，因為大家都想了解這個現象背後的原因是什麼？所以內容必須進行分析，並且在分析完這個現象後還要帶入「個人觀點」，如此才會增加影片的轉分率。記住！如果影片用了這個結構公式，但結論卻未帶出個人觀點，只會有流量卻無法創造粉絲數。

現象－分析－觀點－結論（範例）

① **現象**：短影音刷讚限流
② **分析**：刷讚會不會限制流量
③ **觀點**：帶入個人觀點
④ **結論**：增加影片的轉分率

三、**問題－解答123－結論：**這個結構式是最多知識號的人在使用，譬如我的帳號曾經PO過以下這類型的影片——透過一個問題，教大家怎麼用對策一解決對策二、對

策三，最終再提出一個個人觀點結論，這類腳本結構非常適用於口說號。

以上這三個結構公式就是一般人經營短影音時最常用的三種腳本結構。

爆紅的短影音流程

Step 1 ▽	Step 2 ▽	Step 3 ▽
TA觀眾	**選定主題**	**套用公式**
找出明確受眾	受眾感興趣的主題	標準腳本結構公式

總而言之，當你已經了解了爆紅影片的三個元素之後，接下來就要明確定義TA觀眾，進而從TA觀眾中找出他們真正感興趣的選題，再把選題套用到標準的腳本結構公式，就很有機會創造出一支高流量的爆紅影片。

為何結構很重要？因為唯有按照公式，你才能重複且不斷地去刻意練習，持續產出高流量、高質感的影片。

/本/單/元/重/點/

一、高流量爆紅影片的三元素為何？

二、明確定義你的觀眾和溝通對象是誰？

三、根據他們的興趣做正確的選擇方向

四、常見三種短影音腳本結構分析是什麼？

課堂
問題

你知道你的目標觀眾人群是誰嗎？

為何人設很重要？
人設該怎麼設定？

講師：石總監

經營自媒體，希望透過短影音來打造個人品牌，要成為個人品牌的前提是你要具備「人設」。

【重點一】為何人設很重要呢？

有人設才能讓觀眾記得你，記得你之後，才有辦法去形塑一個品牌，也就是現在非常流行的名詞——IP化。

不知你有沒有這種經驗——看完小說、戲劇或電影，細節內容幾乎都已經忘記了，但是主角的性格與特徵卻始終刻在你的腦海裡忘不掉。還記得流行一時的小說和戲劇《流星花園》嗎？主角花澤類和道明寺一個霸道衝動、一個憂鬱深沉，兩個人的性格非常鮮明，試問若將花澤類和道明寺的性格互調，你能接受嗎？無法嘛！

人設有什麼重要性？

Step 1 ▽	Step 2 ▽	Step 3 ▽
設定人設	**加強記憶**	**形成品牌**
人物背景設定	搶占觀眾心智	個人品牌IP化

再想想看，從以前到現在，自你有記憶以來，換過多少個演員扮演蝙蝠俠、蜘蛛人、鋼鐵人？不管由誰扮演，這三個角色的性格特徵是不是幾乎是死死地釘在你的腦海裡不變，這就是人設IP的魅力。所以要創造影片、成就個人品牌之前，一定要思考自己的人設IP是什麼？

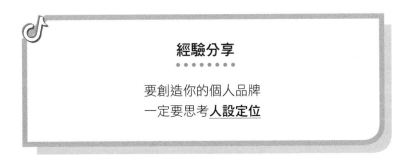

經驗分享

要創造你的個人品牌
一定要思考**人設定位**

【重點二】人設成功案例分析

有人設IP非常成功的案例嗎？有，而且他們通通透過自媒體完成變現的目標。在中國，說到口紅美妝博主就會想到李佳琦；談到商品測評專業就會想到「老爸測評」；在臺灣，則有毛克利和Han涵，這兩姊妹真實人設在TikTok上表現出姊妹日常深受觀眾喜愛和粉絲追隨。

這四位都有非常明確的人設去對應他們的定位，也都成功創造變現，為什麼他們能夠成功呢？因為他們在消費者心中是有記憶的，而且這個記憶是有對應到人物，甚至是他們熟悉的生活場景中，於是就創造出個人品牌，當廠商需要商業合作，或是消費者要做一些商品決策前，都會優先參考他們的短影音內容，這就是人設IP的重要之處。

因為你等於他們的生活解決方案，想到你就聯想到真實生活中人、事、物。

人設成功的IP範例

中國 ▽	臺灣 ▽
口紅美妝博主 李佳琦	**姊妹日常** 毛克利、Han涵
商品評測專業 老爸評測	**職場攻略&關係攻略** 上班黑客

〔重點三〕如何找到自己的定位？如何出發？

個人要如何找出自己的定位，進而塑造個人的人設呢？
建議可以從兩點切入：

**一、從自己的擅長點切入：從擅長點切入內容創作決定
你的起點**。所謂的擅長點就是人無你有、人有你強，人強你
專，你相對有優勢的點，你才有辦法在影片中脫穎而出。建
議可以連結現實生活中的專業或職業，比如說律師、醫師或
英語老師，本身領域的專業知識就是很好的定位點，還有像

房屋仲介、保險業務員和二手車業務，都具備行業相關常識知識，把自己原來的職業放到TikTok上來，就是最簡單有效的定位。

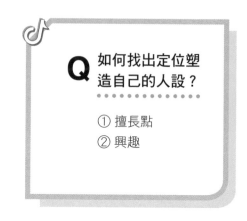

Q 如何找出定位塑造自己的人設？

① 擅長點
② 興趣

二、興趣：興趣決定內容創作的持久度，沒有興趣的話，會很難持續產出內容來與觀眾作互動。因為你自己本身要喜歡自己的內容，用分享的心態來創作觀眾同樣能感受到。所以，最快找出個人定位方法，就是從自己擅長部分與興趣做結合去找出方向。

【重點四】透過九宮格打造出人設IP

如何量身打造屬於你的人設呢？這裡與大家分享如何用「人設九宮格表」來挖掘出你個人特色，只要清楚了解自己的興趣與擅長的專業後，就能透過這個表格能幫助你梳理出人物特色。

TikTok九宮格

外表	缺點	職業
性格	專長	口頭禪
價值觀	標籤	BGM

一、**外表**：「外表」必須讓大家一眼就能認出你，對你產生印象，甚至好奇。以我為例，我的下巴比較長，這是我外表上的一項特點，所以在影片中，我常無所顧忌地與大家分享這個特徵，此外，也常穿黑色西裝外套，建立一個清楚的個人形象。當然長得帥或長得美就是一種天然優勢，不要吝嗇去表現。

這裡有一點特別提醒你，如果明確清楚目標觀眾是誰，你在影片中呈現出來的外表要是他們喜愛形象，舉例如果你

是要賣知識課程，想透過內容吸引到想學習的人群，那你認為他們喜歡你的外表是free style風格，還是看起來穩重專業？想清楚這點，記得透過穿著配件來強化外表形象。

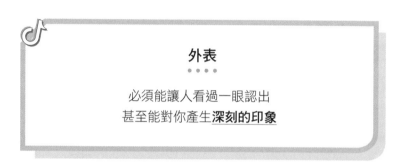

外表

必須能讓人看過一眼認出
甚至能對你產生**深刻的印象**

　　二、**缺點**：在前文中（詳見〈單元8－如何規劃腳本，持續輸出好內容？〉，第102頁），我們談過短影音的創作要如何讓觀眾記得你，記住！有時缺點也是一項優點！

　　如果你的外表看起來普普通通沒有任何優勢，很難讓人記住，在內容上出鏡上不吃香，有時要想辦法突顯缺點被大家記憶，譬如我這個人的外表缺點就是牙齒比較亂，所以在我的頻道「上班黑客」中，我經常大笑，刻意突顯亂七八糟的牙齒，讓大家強烈記憶我的這個缺點，反而讓觀眾在看完影片之後主動留言和互動。為了加強效果，我還應用到前文

中提到的「槽點」，創造了一個自嘲的效果。

缺點
• • • •

適時曝光自己的缺點
反而能成為觀眾**記住的特點**

　　三、職業： 人設中的「職業」非常重要，因為觀眾會對自己熟悉的「職業」留下印象。譬如同一首熱門音樂舞曲的舞蹈，一般素人來跳和麥當勞或便利超商的店員來跳效果會不一樣，明明是同一件事，後者的流量為何比較高呢？就是因為這個「職業」屬性讓觀眾感到熟悉，人們習慣對於熟悉事物多注意。

職業
• • • •

職業愈貼近**日常生活**
觀眾愈容易留下熟悉的印象

四、性格：「職業」必須與這一點的「性格」去做對應。譬如我的職業是「行銷」（行銷人），我的性格是會跟人講道理、說事情，我的「性格」相當符合我的「職業」特色，兩者互相對應。記住在短影音中，你的性格要鮮明不能和一般人一樣，普普通通就如同白開水，沒給人特別驚喜和記憶的地方。

　　但如果你說我真實性格就是不突出怎麼辦？分享一個技巧給你，強化人物關係，設定多一人跟你組搭檔，出鏡或不出鏡皆可，比如是夫妻搭檔就可強化疼老婆，而閨密搭檔就可以強化共同愛看帥哥，這樣一來影片中你的性格就會跳脫出來。

性格
‧‧‧‧

性格符合**職業**
不明顯可強化**人物關係**

五、專長：這點與變現目標有關，譬如我的變現目標是課程和顧問諮詢，所以我的特長就是與大家分享行銷知識。如果是美食分享，特長就是與大家分享美食料理的步驟；若是做生活美食探店，就是要與大家分享哪種需求該去哪些店家消費。最簡單最快的方式就是連結目前你的職業，因為你在現實生活中是透過職業來賺錢，盡量表現你在市場中有價值的部分，將它直接搬到短影音上來是最容易能變現的方式。

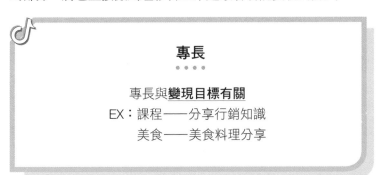

專長

專長與**變現目標有關**
EX：課程──分享行銷知識
　　美食──美食料理分享

六、口頭禪：口頭禪就是將「影像內容」與「聲音」拼在一起，讓觀眾對你有更強化、更強烈的印象。譬如我的口頭禪是「來喝茶」，因為觀眾對茶葉本來就非常熟悉，當我把我的內容與我這個人跟茶綁定時，就會讓觀眾產生強烈印象。非常建議大家在影片片尾處將「口頭禪」應用進去。

口頭禪
‧‧‧‧‧‧

結合**影像**和**聲音**
強化觀眾對你的印象

　　七、價值觀：價值觀是觀眾追隨你變成粉絲的重要點，所以必須清楚明確地定義頻道內容要表達的價值觀，以及你個人的中心思想。內容的價值會決定你流量的品質，觀眾認同的很多時候是影片中的價值主張，不一定是你。但明確的價值觀背後所代表的人群是很清晰的，內容所帶來的流量的背後觀眾畫像愈清楚，對於我們變現成效愈有幫助。

價值觀
‧‧‧‧‧‧

價值觀一定要**明確清楚**
包含頻道價值、個人中心思想

以我的變現目標來說，我要做的是付費知識課程，所以我的價值觀就是「自我修煉」，所有內容都是對我自己有幫助、有啟發，我想跟大家分享的內容。認同這個價值觀的觀眾有比較大的機率也是對自我學習有需求的一群人，比較容易為了知識來付費。

八、標籤：標籤是透過視覺和文字的方式讓觀眾加深印象。以我為例，我用茶壺搭配「來喝茶」的口頭禪，將「茶壺」和「來喝茶」這兩樣大家都熟悉的元素，加上我（石總監）這個人，整個包裝起來就形成一個符號，也就是前文提到的人設IP化（詳見本單元〈【重點一】為何人設很重要呢？〉，第114頁），透過口頭禪、商品、個人形象三者的結合，如同標籤印章一樣，將我的形象（化）、標籤（化）、符號（化）深深打印在觀眾的腦海中。

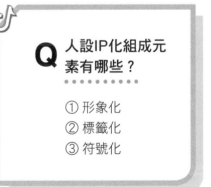

Q 人設IP化組成元素有哪些？

① 形象化
② 標籤化
③ 符號化

標籤
· · · ·

標籤是以透過**視覺加文字**
強化觀眾在腦中留下的印象

九、音樂：音樂就是BGM（Background Music，背景音樂），如果你目前對自己的人設或方向還未確定，建議你在帳號創建初期，盡量使用平台比較流行的背景音樂，讓平台幫你辨識出觀眾做推薦，因為音樂也是平台演算法的重要標籤，而且愈新愈有熱度的標籤相對容易被推薦，所以選擇當下流行的BGM可以增加影片被推薦的機會。建議前面八點都釐清之後，再選擇欲套用的BGM。

BGM
· · · · ·

BGM本身是個**強大標籤**
可以提高平台演算法的推播率

一、為何人設很重要？

二、人設成功案例分析

三、如何量身打造找到自己個人的定位？如何出發？

四、透過九宮格量身打造屬於個人影片中的人設IP

課堂問題

根據這個人設九宮格，打造一個屬於你個人量身打造的人設IP吧！

如何透過內容創造懸念、製造反轉？

講師：石總監

　　拍TikTok就是希望能獲得平台推薦，進而獲得高流量。如何才能獲得高流量呢？第一、影片要能創造「拉留存」，第二、影片要有高的「完播率」，也就是內容要能創造懸念效果，讓觀眾不斷往下看。

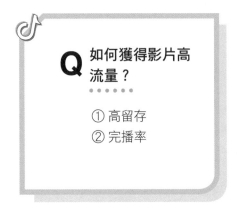

Q 如何獲得影片高流量？

① 高留存
② 完播率

【重點一】開頭要創造懸念

　　首先，要跟大家解釋懸念。懸念就是在影片的開頭給觀眾一個預期，亦即下一個鉤子給觀眾，特別是在影片開頭的

前5秒，要讓觀眾知道自己看完這支影片會獲得什麼，或是前5秒就要吸引他感興趣，拉動好奇心繼續往下看。不要一開始就公佈答案，這樣大家就會滑走，這就是開頭設懸念的重要性。

開頭懸念有什麼效果

① **預期心理**：看完會獲得什麼東西
② **抓住興趣**：有興趣往下看的念頭

你必須在影片一開始，就把影片的主題與觀眾的興趣結合起來，才能留住觀眾繼續看完影片，所以影片一開始透過創造懸念是很有效的方式。什麼是「懸念」？觀眾對於影片中的人物，在接下來未知的劇情發展中，會發生的事物感到迫切想了解的心情。所以，運用衝突爭吵或是緊張懸疑的開場，能迅速營造懸念，成功將觀眾停留在你影片中。

懸念感
• • • • • •

影開頭讓觀眾對人物產生高度興趣
最常見的方法是製造衝突和緊張懸疑

【重點二】**如何製造反轉？**

　　在說明如何創造反轉前，要先了解不論是戲劇或口說
號，其本質都是由情節、人物、環境三項要素構成，連結到
內容結構，就是人、場景和事物，這三項基本要素串起了腳
本的結構。

　　如何在原本的結
構中創造出讓觀眾意
想不到的效果？方法
有三種：一是原本要
講主題A，結果卻是
B；二是以為的假設

Q **內容本質三大構
成要素？**
• • • • • • •

① 情節—事物
② 人物—人物
③ 環境—場景

並不存在；第三是好萊塢電影常見英雄模式。

一、你以為我要談的事情是A，結果是B：在「上班黑客」頻道中有一支影片[3]，影片開頭是一個女生去吃麵線，她問老闆：「請問現在清麵線20塊可以買嗎？」老闆說：「現在都要70塊，20塊，你吃什麼麵線，去去去去……」便把女生趕走，劇情走到這邊，觀眾會以為影片要討論的主題是物價上漲的議題，接著重點來了，在環境（場景）、人物不變的情況下，換我走進店裡，買了兩碗麵線，卻只打包一碗，當店員詢問：「另一碗呢？」我回覆：「沒關係，多的這一碗請留給有需要的人。」影片結尾帶到「待用餐」議題——行有餘力的情況之下，我們可以多買一份，留給現實中有困難的人，幫助他飽頓一餐。

觀看影片的觀眾原以為同樣的人物、場景，我要探討的主題是物價上漲議題，其實我要反轉、帶入的是待用餐議題，這是第一種翻轉的方式：以為要講的是A，其實是B。

3

製造反轉的方法

① 以為主題是A結果是B
② 以為的假設並不存在

二、你以為的假設不存在：

這個方法的運用時機，建議你參考熱門上推影片、借鑑影片的主題，因為這個主題已經被流量和觀眾驗證是熱門，大家感興趣會討論的，通常會火的選題即使再拍一模一樣都還是會有流量，甚至還能再上推薦。

初級班的創作者只會跟拍一模一樣的觀點陳述和內容，甚至神還原模仿，即使上推仍有流量，但觀眾已經假設你會說的跟之前火的影片內容相同，當沒有讓他有意外驚喜和提高預期時，流量相對會打折，轉粉率不會太高。

但如果是進階班創作者，就要運用觀眾的預期心理——你還是會說一樣的。就是他原本假設內容呈現是A，結果你表達陳述是截然不同的B，這時候就能帶給觀眾意外感和高

於預期的感受，這時你的內容就能獲得較高的點讚互動，甚至願意追蹤成為你的粉絲。

因為人喜歡熟悉又喜歡意外，熟悉+意外的組合往往就是內容爆火的底層邏輯，建議做知識口說帳號的創作者能多練習和運用此反轉方法。參考我「石總監的機智生活」帳號中，「年輕人不要做的五種工作」就是運用這個反轉技巧[4]。

4

假設
. . . .
以為又要說講到爛的四種工作

反轉
是完全不同的五種工作

　　三、套入英雄模式：製造懸念與反轉也可以套用好萊塢電影的英雄模式——有一個英雄人物有一個目標，為了這個目標，他努力去達成，但卻遇到了障礙，他要如何克服這個障礙？或許透過自身的努力，或許透過外界力量支持，總之障礙被克服了，所以英雄繼續往下個目標邁進，卻又遭遇另外一個難題，經過百般努力，英雄再度解決難題，在解決困境、難題的過程中，他一再創造反轉，達成目標，邁向結局。

英雄模式製造懸念反轉

開場 ▽	危機 ▽	轉折 ▽
追尋目標	**克服障礙**	**創造反轉**
主角努力去達成 但會遇到挫折阻撓	試著解決問題 往下個目標邁進	克服各項難題 完成精彩大結局

這一套英雄結構的模式像不像電視劇《魷魚遊戲》男主角的歷程。所以創造出富涵懸念的影片開頭，片中幾經轉折、多處反轉，最後結尾帶來驚喜的影片內容，就能讓觀眾繼續觀看這支影片。

建議大家多參考經典韓劇或是成功的好萊塢電影，都是套用這個腳本結構。

〔重點三〕影片中要不斷透過懸念和反轉，製造觀眾情緒

若要在影片開頭創造懸念鉤子，吸引觀眾繼續看下去，

甚至若想在片中創造轉折，讓觀眾將影片看完的話，掌握影片中的情緒非常重要。情緒有「高喚醒」和「低喚醒」，建議一開始就採用「高喚醒」的情緒，以激發人性中的DNA。

一、**創造驚喜感**：影片開頭就創造一個衝突，一開始就讓觀眾有「哇！」的感覺，觀眾一定會繼續往下看。

二、**製造憤怒**：看到這樣的新聞標題──「外送員爆打小黑狗造成腦震盪！」是不是會覺得非常憤怒呢？是不是會想要往下看，看看這個外送員有多麼可惡，為什麼要爆打小黑狗致腦震盪！這就是創造憤怒情緒。

三、**製造焦慮感**：影片標題──「如果你的年紀已經超過35歲，建議不要上104人力銀行找工作！」這就是在製造焦慮感，影片內容會告訴你，為什麼年過35歲，就不應該再上104找工作，但一開頭就先創造這個焦慮感，讓觀眾留下來繼續把影片看完。

如何掌握觀眾的**情緒**
. . . .

① 創造驚喜：開頭製造衝突引發好奇心
② 製造憤怒：喚醒觀眾心中的道德正義
③ 製造焦慮：說中觀眾的煩惱產生焦慮

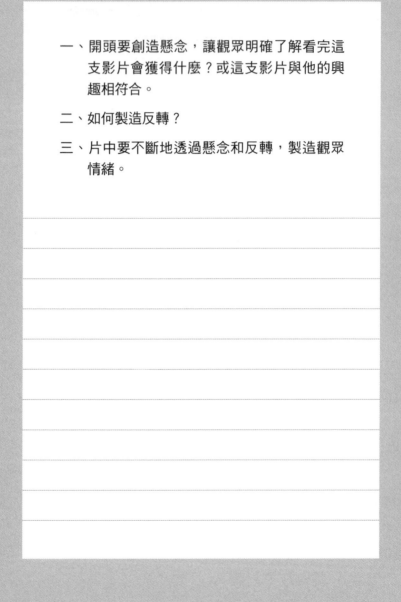

/ 本 / 單 / 元 / 重 / 點 /

一、開頭要創造懸念，讓觀眾明確了解看完這支影片會獲得什麼？或這支影片與他的興趣相符合。

二、如何製造反轉？

三、片中要不斷地透過懸念和反轉，製造觀眾情緒。

/本/單/元/重/點/

在TikTok上找尋10萬觀看量以上的影片，試著拆解內容中的人物、環境與情節，看看是運用了什麼樣的懸念與反轉手法？

到底要拍「有趣」，
還是「有用」的影片？

講師：617

「到底要拍有趣，還是有用的影片？」是影音平台永遠爭論不休的題目，很多人剛接觸TikTok時，都只是將它視為娛樂平台，閒暇之餘才會打開TikTok APP看影片，然後滑一滑就順便開個帳號，久而久之，才開始思考自己是不是也該拍些有趣的影片上傳？

【重點一】有趣影片的優缺點

什麼是有趣的影片？一般來說，舉凡在TikTok上看到的各種對嘴影片、用相同音樂和特效拍攝的影片、戲劇類影片，或各種流行梗的影片等，其實有非常多的影片類型都屬於有趣的影片。

一、有趣的影片有什麼優點呢？

1.**有趣的影片的受眾族群非常多元，人人都愛看**：從古至今，所有的社群平台上，只要是有趣的東西，從10幾歲的小朋友到50~60多歲的長輩都很喜歡，可以說有趣的影片是沒有國界之分的，受眾族群的年齡範圍非常廣泛。而這些觀眾的興趣也很分散，不管其所從事的行業是什麼，有什麼樣的興趣或愛好，不約而同地都喜歡有趣的東西。

2.**喜歡有趣影片的觀眾國籍很多元，國界無限制**：這類影片主要透過影像來呈現趣味的部分，通常不會出現太多文字或對話，即使看不懂文字或聽不懂對話，也不影響觀眾對內容的理解，影片會因為有趣的內容吸引許多外國人注意並觀看，而培養出量體（規模）龐大的粉絲群。

3.**有趣影片的題材很多元**：網路平台上流行什麼，你就跟拍什麼，不用擔心沒點子或沒話題，基本上，只要跟著流行跑，就有源源不絕的話題可以使用。

二、有趣的影片有什麼缺點呢？

1.**不精準**：因為跟著流行跑，同類型的影片很多，同一

族群當然變得很龐大，無法針對某單一的族群或人對話，而是必須同時與很多人對話，如果想販售某些特定領域的商品時，便無法很精準地運用帳號提供給目標族群，所以在變現方面會比較困難。

　　2.**要花很多時間來關注當下較夯的熱點：**搞笑影片非常吃「熱點」，也就是所謂的時效性。當熱點剛好是TikTok裡最近正爆紅的影片時，你要馬上跟上，即時更新熱點資訊。你得不斷地Follow最新資訊，否則稍不注意，就可能落後跟不上隊伍。

有趣影片的優缺點

優點 ▽	缺點 ▽
① 族群多元 ② 無國界限制 ③ 題材多元	① 不夠精準 ② 太花時間

〔重點二〕有用影片的優缺點

　　什麼是有用的影片呢？最常見的就是知識型的口說號，口說號是透過人在鏡頭前，分享具有知識、深度性且含有邏輯的內容。

一、有用影片有什麼優點呢？

　　1.**粉絲非常精準**：和有趣影片不同的是，當你今天提供大家一個很明確知識的內容時，這個帳號一定會針對特定的族群、特定的年齡層以及特定的對象對話，所以在內容方面會非常精準。譬如專論科技的帳號、專論新手媽咪的帳號、專談行銷的帳號等，每個帳號都有明確對應的族群，所以又稱「垂直類帳號」，這類帳號較容易變現。

　　2.**容易變現**：垂直類帳號的受眾非常明確，例如新手媽咪帳號的粉絲很明確，就是一群新手媽咪，這個帳號若要販售商品，不需要什麼都賣，只要專營各種新手媽咪會喜歡的商品，粉絲們就會買單。換句話說，也許該帳號的粉絲數不多，但變現能力卻相對強。

二、有用的影片有什麼缺點呢？

1.**量體較小**：既然影片內容以精準為主要方向，那麼粉絲的量體一定比較小，舉凡口說類、知識類或垂直類的帳號。因為主要針對精準的族群，所以不管是粉絲數還是影片流量，也會相對地會比較低，只要與該領域無關的人，對影片內容通常不會感到興趣，譬如我是個徹頭徹尾的鋼鐵直男，當看到化妝品的垂直類頻道，通常會直接滑過去。

有用影片的優缺點

優點 ▽	缺點 ▽
① 粉絲精準 ② 容易變現	① 量體較小 ② 粉絲較少 ③ 影片流量小

【重點三】「有用」或「有趣」的影片比較好？

究竟是有趣的影片比較好？還是有用的有影片比較好？縱觀國內外，全世界排行較前面的影音平台，幾乎都是「娛

樂類型」的有趣頻道，為什麼呢？原因也很簡單，全球影音社群平台，最簡單的量化方式就是「粉絲數」與「觀看數」。在這樣的量化標準下，「有趣」的影片相對看似比較有效。

有趣

• • • •

最快速可以看到有效果的類型
EX：社群粉絲數、影片觀看數

再談後續的變現方式。同樣做業配，喜歡商品大量曝光的廠商會找「有趣」的帳號配合，但如果廠商今天想要的是精準受眾，就會選擇與「有用」的帳號，也就是垂直類的帳號配合。

若論帳號本身是否能夠變現，當然是「有用」的垂直類帳號相對容易變現，因為這類帳號的受眾精準。至於「有趣」的帳號雖然流量很大卻缺少精準的受眾，反而困難變現。也有一種例外，雖然是「有趣」的帳號，但因為粉絲數

量非常非常非常的巨大（這裡用了三個「非常」，表示真的異常龐大），譬如粉絲量多達一億，即使只有一撮人購買，其變現價值也是高到驚人。

以業配變現為例子

① 有趣帳號：廠商看中的是大量曝光
② 有用帳號：廠商看中的是精準受眾
③ 有趣＋有用帳號：廠商看中的是容易變現

其實，我認為最好的方式就是「有用」＋「有趣」的結合，有用的內容可以吸引精準的受眾，但有趣的內容可以幫助你擴圈，讓更多人喜歡你，「有用」加上「有趣」的帳號，能夠兼顧粉絲的精準度與廣度。譬如「617行銷筆記」頻道推出的TikTok相關影片，屬於口說類內容，若改以戲劇模式包裝影片，用戲劇表演的方式表現行銷的重要性，也許可讓更多人感到有趣而去觀看影片，主動學習行銷知識。

當然，影片內容或表現方式因人而異，拿我自己來說，

因為時間緊迫，以口說方式來拍攝影片較合適，若你的團隊、時間、資源或經費都能全力配合，當然可以兼顧有趣及有用，兩者搭配絕對是最強組合。

總結來說，「有用」與「有趣」之間並無對錯之別，端看如何選擇而已。有些人雖知有趣的帳號無法帶來太大的收益，但因為想墊高帳號知名度，且另有變現模式，所以他會把有趣的帳號當作公關平台經營，再從其他地方變現。

有用＋有趣

有趣能大量曝光，有用能吸引受眾
兩者結合能兼顧粉絲精準度&廣度

至於我，比較偏好「有用」，因為我本身也輔導企業推動行銷，在建議企業各種商業模式時，常發現大多數的人只關注流量卻不在乎精準受眾，以致經營社群很久卻仍然沒有辦法找到良好的變現渠道。如果是你會如何選擇呢？

要選擇有用還是有趣的影片？

選擇 ▽	變現 ▽	總結 ▽
沒有對錯	**確認目的**	**未來模式**
依照自己的需求 去選擇合適的影片	確認經營的目的 將預期效益最大化	精準變現選「有用」 追求曝光選「有趣」

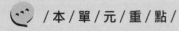 /本/單/元/重/點/

一、有趣影片的優缺點為何？

二、有用影片的優缺點為何？

三、有用或有趣的影片比較好？

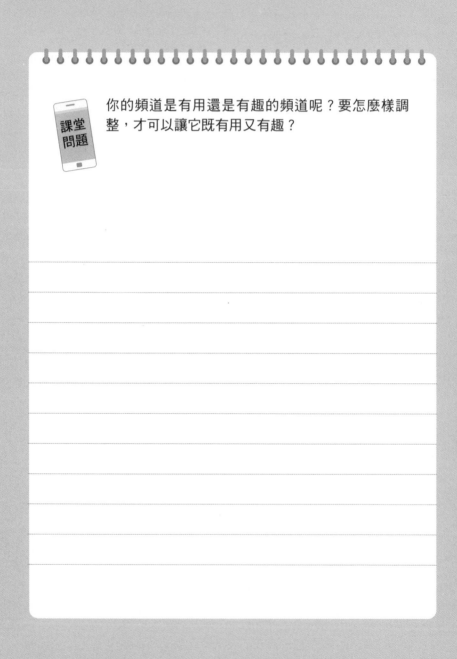

課堂問題

你的頻道是有用還是有趣的頻道呢？要怎麼樣調整，才可以讓它既有用又有趣？

如何與同領域的人競爭？
該模仿還是做自己？

講師：617

　　很多人或帳號都說經營TikTok直接抄別人的內容就可以，一方面是「起號⁵」的時間最快；另一方面則是對手太多，自己隨便做很難成功，不如抄別人的比較容易，但真的是這樣嗎？

【重點一】抄襲和模仿的差別

　　說實在的，這世界上已經沒有百分之百的「原創」，所謂的「創新」都是在既有的成功體制下，再推疊一些新事物的創新，而非百分之百原創的創新，畢竟同中有異。但說到「抄」又不一樣了。「抄」是百分之百的偷竊，從文案到拍攝、到剪接，直接完完全全照樣畫符，這就是「抄襲」。

5　即「開始經營TikTok帳號，將流量做起 」的意思。

「模仿」是借鑒部分相同的元素，再加入自己的想法、創意，譬如很多YouTube頻道都有「快問快答」系列——製作人快速提問很多問題，主持人不斷地回答這些問題，這個模式已經是一個約定俗成的公式了，但不同的主持人、不同面向的議題、不同的問題設計，都會產生不同的結果。就像TikTok上有很多影片會學習抖音影片的拍攝形式，但內容或專業性卻是創作者自己想出來的，這是模仿而非抄襲。

創作者賺錢的路徑？

創新 ▽	抄襲 ▽	模仿 ▽
非100%原創	100%偷竊	未來模式
在現有的元素下堆疊上自己的風格	從文案至成品都是學別人的作品	研習部分舊有元素加入自己的創意

【重點二】抄襲的優缺點

一、抄襲的優點：譬如某部影片的流量非常大，表示這部影片是經過驗證，是成功的影片類型，意謂著在這個平台上，很多人都喜歡這類型的影片，換句話說，這些優質的影片就是流量密碼，是經過驗證且可行的影片類型。若拍一部和成功影片一模一樣的片子，不知情的觀眾慕名而來，卻找到你的影片而不是原版影片，結果你的帳號流量飛升，這是抄襲之幸，但也是「唯一」的優點。

二、抄襲的缺點：首先，抄襲很容易被發現。中國由於人口眾多，短影音影片市場龐大，彼此抄來抄去已成常態，任何劇本或文案都可以拿到網路上販售，於是你買了一套文案，我也買了同一套，結果拍出內容一模一樣的影片。

中國短影音產業蓬勃，相關軟體盛行，包括可以將影片內容翻譯成文字檔的軟體，透過這類軟體，隨時可以輸出其他人創作的影片，接著再複製到特定的影音軟體內，就能成為另一個人的台詞。整個流程簡單到一天內拍出50支影片都沒問題，不過這種方式不適用於臺灣，一則臺灣用戶較少，

再則臺灣對於版權、著作權較為注重，所以抄襲很容易被發現。試想，若你是以大師或專家的形象經營帳號，發表的內容卻都不是自己的創意發想，帳號公信力必然會大打折扣。

抄襲的優缺點

優點 ▽	缺點 ▽
容易找到優質影片	容易被發現 臺灣用戶數較少 對於版權意識也較強烈

其次是影片抄襲一旦被檢舉，就有被限流或被下架的風險。雖然很多帳號都聲稱「抄」很重要，但這只是在下標時會用的一種較極端的講法，並不是真的百分之百完全照抄，而是先找出成功影片的成功方程式後，改用自己的方法重新表述。

所以聰明的你，要學會分辨創作者下達的標題，究竟是只有字面上的意義，還是背後有其他的衍生意義。

抄襲的優缺點
. . . .

優點 ▽	缺點 ▽
容易找到優質影片	① 容易被發現 ② 限流／下架的風險

【重點三】先模仿再創新

　　由於現在所謂的創新，都是在既有的基礎堆疊新事物，所以一開始真的很困難。最快的方式就是先學習成功人士，「起號」也是如此。找個成功的帳號，觀察對方如何起號？如何成功？學習對方的模式來創作自己的東西，久而久之，對鏡頭不再陌生、對文案開始有感覺、漸漸了解粉絲喜歡什麼內容，然後涉獵更多不同創作者的內容，從中擷取不錯的想法，凝結成自己的新元素，優化自己的帳號。很多成功的創作者，都是從模仿邁向創新，雖然一開始的作品會出現別人的影子，但時間久了就會走出自己的風格。

我相信，凡創作者都不想一輩子活在別人的影子下，所以一定要多看、多嘗試，不斷地觀察競爭對手的作品，並且與時俱進，也要一直嘗試新的玩法，讓作品有自己的靈魂，找出一條其他人沒走過的創新道路，在眾多競爭者中脫穎而出。

何謂**先模仿再創新**
· · · · · · · · · · · · · · · · · · ·

① 先學習：先模仿成功人士的拍攝模式
② 多涉獵：多涉獵各種不同創作者內容
③ 後創新：加入創新元素優化自己的創作

一、抄襲和模仿的差別是什麼？

二、抄襲的優缺點有哪些？

三、先模仿再創新

課堂問題

誰是你的領域裡最具指標性的帳號？你該怎麼跟他學習呢？

PART.3

影片拍攝和剪輯

拍攝器材的選擇

講師：617

　　為什麼全世界的人都喜歡拍攝TikTok影片呢？應該是因為TikTok是人類史上最簡單的社群影音製作軟體。

　　TikTok本身擁有超級多、超強的影音特效，這些特效功能甚至強大到可以單獨發行APP（我非常佩服這些特效的開發者，他們厲害到每週都能推出各種有趣而且腦洞大開的特效）。此外，TikTok還有海量的多元音樂可供影片創作者使用，創作著毋須擔憂版權問題，任何人都可以輕鬆地用手機拍攝數十萬，甚至百萬支影片。

　　TikTok的拍攝方法很多元，因應不同類型的影片，有不同的輔助工具。

【重點一】拍攝工具

一般來說，TikTok的拍攝工具不外乎兩種，一是手機，二是相機。

拍攝工具的選擇

① 手機：推薦兩年內的手機確保畫質穩定
② 相機：推薦使用類單眼相機以提升畫質

對TikTok來說，一部手機便可以完成全部影片內容，況且以目前的技術發展來看，手機拍攝很難再有太大的突破，所以二年內的機型便綽綽有餘，畫質足已應付拍攝需要。

在相機方面，建議可考慮購買類單眼相機，尤其是已經使用手機拍攝了一段時間或希望畫質再提升

Q 哪種人適合使用相機拍攝？

① 戲劇類型
② 舞蹈類型
③ 提升質感

的創作者，如戲劇類、舞蹈類帳號等。通常單眼相機價位大概落在二至三萬元之間。

如何選擇適合自己的相機呢？

一、相機須內建麥克風收音功能：收音是影片拍攝的靈魂之一。

二、選擇具備監聽功能的相機：雖然二至三萬元價位的相機很少有監聽功能，但還是強烈建議選購具有監聽功能的相機，因為有時拍攝的時間很長，現場收音效果不理想，這時若有監聽功能，就能比對收音內容。

三、選擇大電池容量的相機：有些相機的電池容量較小，只能持續使用二十至三十分鐘，若是在室內拍攝口說型影片還好，可以外接電源，如果是在戶外拍攝影片並且需要一直移動的話，電容量不夠會是很大的夢魘。建議選擇足以持續使用至少一小時的電容量電池，才不需要頻繁地更換電池，甚至影響拍攝情緒。

相機選擇的重點？

重點1 ▽	重點2 ▽	重點3 ▽
內建麥克風收音	**有監聽功能**	**電池容量大**
收音的優劣 決定影片的成敗	確保長時間的拍攝 能夠確實的收到音	減少在戶外拍攝時 要頻繁換電池的困擾

【重點二】麥克風

麥克風有兩種，分別是指向性與無線麥克風。

一、指向性麥克風：我自己每天隨身攜帶的麥克風便是RODE指向性麥克風（如下頁圖所示），直接接上我的iPhone手機的尾插，就可以直接進行錄製，而且這支麥克風本身具有監聽功能，使用上很方便。

指向性麥克風的好處，就是麥克風前方的聲音基本上都能收得很清楚。有時需要在戶外快速拍攝時，直接拿出麥克風插上手機，對著拍攝對象就可以立刻進行錄製。

這種麥克風的室內收音完全沒有問題。若在室外難免會有些外部雜音，但因為它是對著前方去收音，所以前面位置的收音會較清晰，即使旁邊有人說話也不會有太大的影響，且萬一風大而出現風切聲的話，可以把麥克風放進隨附的毛茸防風罩，就能有效消除環境雜音。

指向性麥克風

① 插入即可使用
② 可搭配監聽工具
③ 麥克風前方收音清楚

補充：收音效果
室內外收音皆清楚

二、無線麥克風： 拍攝戲劇類影片較常採用，品質好的無線麥克風，即使與收音相距數十公尺，也能良好收音，所以像拍戲時，人距離鏡頭較遠或需同時拍攝兩個人時，可選用一對二的無線麥克風，同時收錄兩個人的聲音。另外，旅

遊頻道或是介紹物品的影片，因為主持人站立的位置可能較遠，這時無線麥克風很好用。

不過，很多無線麥克風對手機的支援度不理想，收音效果時好時壞甚至沒收到音，保險起見，若無法同時監聽，建議不妨使用指定向麥克風，比較有保障。

若要花錢提升拍攝品質，我想麥克風應該是讓人最有感的選項之一。尤其是在戶外拍攝，可直接感受到極大的差異；若是在室內，感受性其實不明顯。

無線麥克風
● ● ● ● ● ● ● ● ● ●

① 一般適用在戲劇類影片
② 可搭配一對二麥克風
③ 數十公尺皆可收音清楚

補充：手機限制
多數麥克風對手機的支援度不高

【重點三】腳架

　　腳架也是一項投資報酬率非常高的配備，尤其對某些創作者來說，腳架甚至比麥克風還重要，譬如舞蹈類型。因為不需要講話，所以擁有穩定的腳架，反而勝過收音效果好的麥克風。

　　一般來說，影片拍攝的高度與人平行，拍出來的影片才會好看，譬如人坐在椅子上，腳架高度若低至膝蓋高，從下往上拍攝，拍出來的影片會很不好看，應調整至與頭部齊高才好。

　　腳架的選擇取決於用途，如口說類，你把腳架放在桌上就行，所以可選擇桌上型腳架。至於外拍需要的腳架較高，譬如我身高180多公分，180公分以上的腳架很難買，但140~150公分的腳架較容易買到，且費用不貴，預算有限的話可考慮。其實，夜市裡販售的腳架就很不錯，價格從100多元到400~500元不等，選擇很多。

　　拍攝一段時間之後，經驗累積不少，該是提升拍攝功力與穩定度的時候了。這時可考慮換個千元以上的腳架，建議

可以考慮球型雲台腳架。一般的腳架只能調整X軸與Y軸，微調不易，若使用球型腳架，就可以快速地進行微調，更快建構較好的構圖。

腳架的選擇

① 口説類型：推薦桌上型腳架，腳架長度適中即可
② 外拍類型：推薦高長度腳架，避免由下往上拍攝
③ 高級腳架：推薦球型雲台腳架，能快速微調角度

【重點四】環形燈

燈光就是攝影的靈魂，燈光打得好，再爛的相機都可以拍出不錯的效果。最容易買到的燈是環形燈，夜市裡就有賣，網路上也買的到。

打光時有幾點事項要注意：

一、光源要保持一致性：譬如在室內攝影棚裡拍攝時，最好將棚頂的白光燈、黃光燈全關掉，只留下攝影棚的燈，

以確保現場皆為同樣的色溫，膚色看起來才會正常。如果所有的燈都開著，有黃燈、白燈又有自然光，會發現畫面內皮膚有著藍藍的光，看起來很詭異。

如果對打燈沒有任何概念，最簡單的方法就是在自然光下拍攝，若在夜晚拍攝，切記一定注意光源要維持一致性。如果家裡都是日光燈，環形燈就要調整成白光；若是黃色鎢絲燈，則要調成黃光，才可以保持燈光的一致。

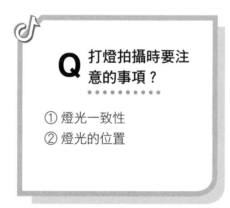

Q 打燈拍攝時要注意的事項？

① 燈光一致性
② 燈光的位置

二、燈光架設的位置：很多環形燈上都有一個手機架，所以很多人自然而然地會想把手機架上去，但手機架在這裡其實是不適當的，除非在光線充足的情況下，那麼環形燈放在手機前方影響就不大，因為整體光線良好，拍攝效果會很

好，甚至被拍攝者的瞳孔會映出圓形光環。

　　如果是在光源不足的情況下，只靠環形燈從前方直接打下來，就容易像古早時拍證件照，人待在全暗的攝影棚裡，攝影師開起亮得晃眼的閃光燈直拍，光線呈現過於平面，會出現人物前面過曝、兩側暗淡的效果，很不好看。

　　那麼燈光要怎麼打才比較好看？第一是把環形燈拉得很高，拉到側斜上方45度角位置，從上往下打，模擬太陽光的感覺，這樣會讓光線看起來比較自然；其次是燈光千萬不要平平地朝人打過來（燈光與人平行），甚至從下往上打，像似拍鬼片一樣會非常難看。

環形燈在不同光線下使用情境

光線充足	光線不充足
① 環形燈影響不大 ② 色溫光線一致性 ③ 加強畫面的呈現	① 色溫光線不一致 ② 畫面整體很平面

【重點五】輔助工具

由於我是Apple的重度使用者，所以非常推薦Apple Watch。因為在用iPhone手機拍攝時，Apple Watch可以同時擔任螢幕及快門鍵的任務，只要將手機用腳架架好，就可以透過Apple Watch監看畫面，並直接在Apple Watch上操作錄影，非常方便。

沒有Apple Watch也無妨，手機藍芽遙控器也能幫助你有效節省拍攝時間，價格也很實惠，夜市裡也許39元就能買到。

技術流愛好者不妨了解一下氣囊支架，它非常方便，除了能避免手機在旋轉時掉落，還可以做出各種奇妙的變化。

雖然器材從來都不是一個好的創作者創作出好作品的門檻，但適合的器材能讓一個創作者更有效率，有更多時間將心力用於創意上。

經驗分享
. . . .

器材不會是創作好作品的門檻
但適合的器材可以讓創作**更有效率**

/本/單/元/重/點/

一、拍攝工具：手機或相機

二、創作者必備的麥克風

三、創作者必備的腳架

四、創作者必備的環形燈

五、其他輔助工具

課堂
問題

你是哪種類型的創作者？還需要購買哪些器材呢？

TikTok手機拍攝通用技巧

講師：617

　　TikTok影片的拍攝可分為兩種形式，一種是直接使用手機，透過TikTok內建的功能來完成整個拍攝和剪輯過程；第二種則是使用手機拍攝完成後，匯入剪輯軟體進行後製處理後，再上傳到TikTok。

【重點一】內建功能拍攝

　　什麼類型的影片適合使用TikTok內建功能拍攝呢？對嘴影片，或使用相同特效、音樂或技術流的影片，或是合拍的影片都很合適。那什麼是對嘴影片、技術流影片以及合拍影片？

　　一、**對嘴影片**：表演者跟著歌詞及對話對嘴並結合表演，讓粉絲覺得你是音樂中的人。

二、**技術流影片**：靠著鏡頭的運鏡、調整拍攝速度的快慢或是結合道具等，讓影片整體呈現有種魔術師的感覺，非常酷炫。

三、**合拍影片**：與其他創作者的影片並排，兩支以分隔畫面同時播放。

如果你覺得某支影片搭配的音樂很棒，想用同樣的音樂另外拍攝一支影片的話，該怎麼做呢？第一步是點選影片右下角的音樂頭像，進入後，再按下方的「使用此音樂」，就能開始拍攝。

音樂使用

① 點選右下方音樂頭像
② 再按下方「使用此音樂」

看到喜歡的影片特效也可以如法炮製——選擇影片右方的特效，長按以套用特效，或直接進入拍攝頁面，可以看到右上方有一排功能選項，從上而下，分別是「切換鏡頭」、「速度」、「濾鏡」、「美顏」、「計時器」、「回覆（問答題）」。

一、**鏡頭**：可選擇主鏡頭或自拍鏡頭，建議使用主鏡頭拍攝，畫質會比較好；自拍鏡頭的畫質相對較差些，如果光源不夠，自拍鏡頭會讓畫質更糟糕。

二、**速度**：正常的影片速度是1倍，若使用2倍速拍攝，影片速度會加快，反之，用0.5或0.3慢速度拍攝，影片速度會變慢。有時製作對嘴影片，需要聲音加快時，在錄影時可以選擇2倍速，屆時拍攝時就能用比較慢的速度來搭配嘴型，才不會因為緊張而跟不上。

三、**濾鏡**：可針對自己喜歡的畫面風格選擇濾鏡效果，如果不確定，不妨試玩看看再套用，也許能成為獨樹一格的特色。

四、**美顏**：美顏效果包括有美肌、瘦臉、眼睛變大、拉高對比度、加粉底，及調整臉型，從頭部美顏、亮眼、瘦

臉、瘦鼻、嘴型調整、額頭調整、口紅、腮紅、眼影輪廓、美齒、消除黑眼圈等，一應俱全。

美顏全開，大概連親媽都認不得，使用時要適可而止，微微調整就行，千萬不要為了畫面好看而過度調整。

五、計時器：有時一個人拍攝沒幫手，便會需要倒數計時功能。TikTok內建的計時器，具有出現3秒鐘與10秒鐘兩種選項，足以創作者預備好，不會在畫面一開始就出現一邊抓鏡頭、一邊按手機的尷尬畫面。

六、回覆（問答題）：包含他人對你的提問，以及其他創作者的問題答覆，粉絲的問題也可以在此回應，或拍攝相關主題的影片。

透過這樣的方式，你可以去思考怎麼製作出畫面的趣味性，如騰空將東西變不見或變出來。若你不滿意自己拍出來的影片，也可以按住右邊的「叉叉」，往回刪掉上一段影片，等你覺得影片沒問題後，再按「打勾」預覽現在的影片，並加入音樂、特效、文字、貼圖，濾鏡或調整片段（位置同樣在右側）。如果想增加旁白，也可以在這時補錄，比如錄了好幾段風景影片，想配上旁白，這時就能一次性處理。

拍攝頁面功能介紹

① 切換鏡頭：主鏡頭或自拍鏡頭
② 速度：可自行調整影片速度
③ 濾鏡：可選擇喜愛的畫面風格
④ 美顏：各種瘦臉、美肌等功能
⑤ 計時器：3秒跟10秒的倒數功能
⑥ 回覆（問答題）：回應粉絲問題的地方

【重點二】後製處理[6]

手機拍攝後再進行後製，適用於戲劇、口說、訪談、美食、美妝或搞笑類影片。以下是拍攝時應注意的事項，否則會影響後製：

一、**光線**：有自然光就用自然光。如果在室內拍攝要確保光源統一，光線宜從斜上方自上往下打。如果沒有環形

6

燈，也沒有其他燈具，純粹靠天花板上的燈的話，燈源若位在正上方，拍攝時宜稍微退後一點，否則眼窩位置會顯黑。最安全的打法就是，若你具備足夠的燈，並且全部打開，基本上只要亮度足夠，畫質就不會太差。

二、**收音**：若在戶外拍攝，一定要加防風罩（兔毛）。若要購買無線麥克風，建議一對二比較方便，未來如果需要訪問，也不需要再添購新器材。

三、**其他輔助工具**：如果有人可以協助拍攝的話，能夠監聽是最好。腳架依實際拍攝需要調整，桌上型或半身高度的腳架皆可，記得雲台部分建議使用球型雲台，角度微調較不受限。另外，網路上可以買到各種輔助拍攝器材，多找找，或許會找到適合自己的器材。

四、**拍攝角度**：影片上傳至TikTok上，可能左右會被裁切到，所以千萬要預留空間，避免讓文字剛好卡在邊緣，非常不好看。再加上畫面右側設有功能選項，下方會跑文字，所以拍攝時，鏡頭盡量置中偏上、再偏左一點，完成的畫面空間看起來會比較舒適。

TikTok是一個重視內容創意遠高於攝影技巧的平台，如

果能夠兼具創意與技術，勢必能讓觀眾耳目一新，絕對是加
分的。

拍攝前的小技巧

① 光線：選擇光源充足且色溫統一的地方
② 收音：使用手機麥克風或無線麥克風
③ 腳架：依照拍攝需求購買該高度即可
④ 雲台：建議使用球型雲台比較好調整
⑤ 角度：拍攝時盡量置中偏左上一點

/本/單/元/重/點/

一、TikTok內建功能拍攝

二、手機拍攝之後再後製處理

課堂問題：

你是哪種類型的創作者呢？你還差什麼樣的器材，

可以大幅度提升你影片拍攝的品質呢？

如何挑選背景音樂？

講師：石總監

音樂是短影片中的美乃滋，能幫助影片增加觀眾停留時間與完播率！

【重點一】音樂在短影片中的重要性

為何在TikTok中，音樂元素特別重要？因為這個平台天然帶有蹦迪屬性[7]，最早期的玩家使用TikTok以舞蹈和技術流為主，特別重視音樂元素。另外，TikTok是由演算法主動幫內容做推送，而音樂就是一個非常強的標籤。透過演算法，能清楚辨識含有某音樂的影片應該優先推送給哪些人群，所以對於TikTok影片的後製，應特別重視音樂性。

此外，觀眾會對帶有自己熟悉元素的內容產生興趣，而

7　指節奏很強，適合跳舞的歌曲。

音樂恰恰是觀眾最容易感受到的元素，也有很多心理研究實驗發現音樂會激發人的情緒，我們要善用這個人性點，將之巧妙運用在內容中，在適合的場景搭配對應情緒的音樂。

音樂在短影片的重要性

① 強標籤：音樂對於演算法是強大的推播標籤
② 熟悉性：觀眾會對於熟悉的內容產生興趣

【重點二】不同影片內容找出適合的背景音樂

首先要清楚了解影片的內容類型，譬如美食料理分享或介紹美食餐廳的影片，適合搭配風格較清新、輕快的背景音樂，若是X檔案之類的懸疑劇，就不適合這種風格，搭配略帶懸疑感的音樂會比較適合。

穿搭造型教學影片要配合時尚一點的嘻哈音樂或流行熱門音樂；如果是口說號類型，應該選擇輕快一點或是節奏感

較強一點的背景音樂呢？答案是節奏感強、步調快的音樂！知道為什麼嗎？因為講話速度比較慢，配合快節奏的音樂，觀眾聽起來會覺得口條不錯，較不容易產生倦怠感。有關小物或文具開箱的影片就要多嘗試日、韓風的輕節奏音樂，能讓觀眾感覺整體內容非常匹配，可增加觀眾的停留時間和完播率。

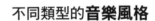

不同類型的**音樂風格**

① 美食相關：適合清新、輕快風格
② 懸疑推理：適合疑惑、音案風格
③ 穿搭造型：適合時尚、流行風格
④ 口說知識：適合快節奏風格
⑤ 小物文創：適合日韓輕節奏風格

【重點三】根據人設對應的觀眾，
找出適合的背景音樂

如何從人設出發挑選音樂呢？這點非常重要！人設會去

對應目標觀眾人群，譬如目標觀眾設定為35~45歲的人群，影片背景音樂應該使用BTS防彈少年團，還是五月天或周杰倫的歌呢？

同理，如果是要給女生看的影片，背景音樂用越南鼓蹦迪好嗎？不是喔！使用像韓劇的音樂對女生相對比較有吸引力，人群與音樂性質才相匹配。目標人群若鎖定50歲以上，甚至60歲的人，背景音樂用的就不是周杰倫或五月天的歌，建議搭配陳淑樺的〈夢醒時分〉或江蕙的歌，更能夠讓觀眾感覺熟悉和親近。人性天生喜歡熟悉，所以懷舊主題一直有市場，因為熟悉而願意延長停留在影片的時間，甚至能看完整部影片。

如何從人設挑選音樂？

35~45歲 ▽	女性受眾 ▽	45~60歲 ▽
X BTS防彈少年團 〇五月天、周杰倫	X 越南鼓 〇韓系音樂	X 五月天、周杰倫 〇陳淑樺、江蕙

【重點四】複製爆紅內容背景音樂，
強化個人的人設IP

如何從爆紅的影片中去找尋合適的背景音樂？雖然明確了解影片的內容、方向與主要觀眾人群，但就是找不到合適的音樂怎麼辦？尤其是在帳號剛起步，還沒有達到1000名粉絲量時，建議你直接到TikTok首頁搜索目前平台當紅的音樂，直接加入影片，以增加演算法去推送影片的機率。

如何向平台借勢，蹭到當下熱點音樂的流量，同時又能強化個人記憶點，關鍵在「新潮」和「重複」，舉例來說，2021年臺灣爆火的音樂「我人在雲林」，當下有非常多人跟風翻拍，但有創作者能在相似拍攝風格中，走出個人特色來創新，再加上透過不斷更新去擴大曝光，加深觀眾記憶點，強化個人IP。

好方法可以重複使用一樣有效，在2022年平台火過「男人過了20歲」音樂系列，不只是在服裝上做反差外，如果能進一步結合到一個垂直領域，例如美食探店，相信會是一個非常好用音樂來跟平台借勢，強化個人IP的機會。

背景音樂
· · · · · · · · ·

到TikTok首頁搜尋目前當紅音樂
放入影片

補充：增加演算法
讓平台容易辨別出音樂，增加演
算法推送影片機率

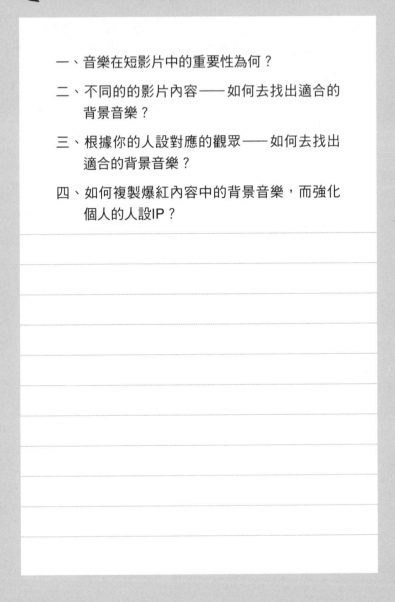

/ 本 / 單 / 元 / 重 / 點 /

一、音樂在短影片中的重要性為何？

二、不同的的影片內容——如何去找出適合的
　　背景音樂？

三、根據你的人設對應的觀眾——如何去找出
　　適合的背景音樂？

四、如何複製爆紅內容中的背景音樂，而強化
　　個人的人設IP？

課堂問題：
嘗試上傳兩支內容完全一樣的影片至TikTok，但使用不同的背景音樂，觀察兩者流量的差異。

PART.4

TikTok帳號經營

如何幫影片正確下標籤和寫標題？

講師：石總監

正確下標籤及寫標題對新帳號來說特別重要，透過正確下標籤，可以主動告訴TikTok演算法，該把你的內容優先推播給哪些目標觀眾觀看。而好的標題能引起觀眾的興趣，進而對你的影片產生互動而增加權重，獲得更多平台流量推薦。

【重點一】如何正確下標籤？

標籤是寫給演算法看的，而標題是寫給人看的。標籤對TikTok演算法來說極為重要，現在對觀眾的區分已經不能再用以前Label的思維，只簡單用性別、年齡、居住地或職業等簡單區分，若按照Label思維，對於目標群眾只能簡單設定如男性、30~40歲、居住在台北，請問這樣的設定、這樣的標籤，能夠精準反映到目標群眾真實的興趣嗎？

Label思維

. . . .

固定目標群眾的大標籤
無法精準**找到受眾**

　　尤其在不同環境下興趣是不一樣的，譬如我想買襪子和內褲，反正穿在裡面別人也看不到，我一定優先選擇便宜、廉價，這就是我的標籤；但若是要買手機，這可是我的生財工具，會考量的標籤群組是CP值高、耐久與保固；又如果要買結婚紀念禮物給老婆呢？你覺得我的標籤決策還會是便宜、耐久、CP值高嗎？不可能！送這樣的禮物一定會被老婆打死，這時我考量的是品牌或精品。所以，當我們面對不同場景和不同需求時，感興趣的事物會對應到不同的標籤組成就會不同，這也是為何下標籤非常非常地重要，因為，它能協助平台辨別內容推送給目標觀眾。

掌握標籤的原則其實不難，一個內容就是由一個「三要素」──人物、事件、場景所組成（詳見〈單元10－如何透過內容創造懸念、製造反轉／【重點二】如何製造反轉？〉，第132頁）。所以影片中，標籤一定要扣著這三元素，不同標籤的組成，會對應到特定的觀眾人群。

　　譬如之前「上班黑客」的影片常有「辦公室、男人、錢」這三元素，每當這三個元素組成，影片的內容與人群一進行匹配，平台馬上就推送給喜歡看「男人借錢」這類內容的觀眾，因為彼此匹配到了。同理，如果出現「女生、前任」這樣的元素，馬上就會匹配「情感內容」。標籤非常重要，請記得一定要從「事件、人物、場景」去拆解出對應的標籤。

　　標籤絕對不是標語而已，我們在臉書常常會使用很多「#」標籤，如「這件事情很重要，要說三遍」、「知識就是力量」等，其實這樣的標籤在TikTok演算法中，一點用都沒有，比較像是標語，而不是平台能辨識的標籤。

　　另外，很多人喜歡打平台正熱門的活動標籤，這種標籤點進去看，流量前20名的影片大概都無法歸類至美妝、美

食、情感、知識等大領域的內容之下，若無法歸類到大領域下，就不建議影片打類似的標籤，雖然帶有這些標籤的影片累積觀看量大，但這些影片無法被歸類為特定類型，例如情感、美妝、育兒、運動、知識或美食等，就表示平台無法幫你找到較明確的目標人群。

最後，提醒我們在TikTok上創作內容發布影片，必須有左手和右手思維；左手要清楚知道你的用戶是哪一類人群，右手就是去匹配目標人群會感興趣的內容，這個內容必須與其生活熟悉場景或目前迫需或剛需結合，扣著「事件、人物、環境」三元素，主動貼標籤教育平台辨別你的內容，這就是下標籤重要的思路。

下標籤前要注意的事項

① 標籤絕非標語：籠統的標語不適用於TikTok
② 熱門話題標籤：若無法歸類音樂類型則不建議
③ 左右手的思維：了解TA背景匹配感興趣的內容

【重點二】一個好標題的四個重要思路

一個能上推的熱門短影片，除了本身內容要好之外，有極具吸引力的標題相當重要，因為在TikTok上內容優先是做給平台演算法看，但標題是給人看，好標題還能激發觀眾認同感，引發評論區留言，大幅拉高內容的互動率。

了解如何下標題之後，就是如何寫出一個好標題。一個好標題的思路有四個：

一、激發認同：標題有明確的對話人群。例如：「男人過人20歲就應該……」或「曾經同居過要讓現任男友知道嗎？」讓觀眾一看到標題，不但被叫住還產生好奇心，還沒看完就想到評論區互動。再舉例來說，「我終於知道為何女友老是愛生我的氣」，看到這個標題，是不是會讓有女朋友的男生想點開影片，了解為什麼女朋友老是莫名其妙就生氣呢？

二、懸念製造：拋出問題或是運用矛盾反差。例如：「我離婚了，但是我很開心」這樣的標題，很好地創造懸念感，影片開頭就透由這個標題，馬上讓觀眾知道「他要離婚

了」，但很疑惑為什麼「他很開心」，而忍不住想繼續看完影片。或是像「我們在一起過，但好像又沒在一起過」、「努力，是一件非常沒意義的事」等，都是運用這個標題思路。

三、挑動爭議：創造兩元對立，找本身帶有兩方觀點的標題。讓兩方觀點支持人馬各自站對隊引起激烈的討論，通常都能創造評論區激烈討論留言，譬如「石總監機智生活」有一支爆款影片——「老婆和老媽吵架了，你應該優先站在誰那邊？」，引發兩方支持人馬互在影片底下留言與討論。

四、顛覆已有的認知：推翻我們原本的認知。引發好奇心，提高極大的興趣與動機去觀看內容，譬如「威爾鋼不只可拯救男人的性福，還是人類未來拯救失智症的希望」、「管理好老闆，才是員工最重要的事」、「成年人最大的謊言：我要努力賺錢」、「自律是最大的騙局」等，類似的標題都是顛覆了我們原有的認知或觀念，牢牢勾住觀眾的好奇心。

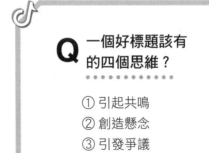

Q 一個好標題該有的四個思維？

① 引起共鳴
② 創造懸念
③ 引發爭議
④ 顛覆認知

【重點三】五個檢視好標題的方法

下標題前，應該檢視是否符合以下幾點要求，只要符合其中之一，就是算個好標題，有時還能同時包含不只一個：

一、能用問句盡量多用問句。

二、標題結合時事。

三、列舉數字：譬如「27歲離過婚的人，與35歲還沒結婚的人，你優先選擇跟誰結婚？」明確列出數字。

四、帶入感：「為何現在30歲後的女生不想結婚？只想生小孩」，標題直接對明確人群對話，勾起他們的需求，引發好奇心來留言互動。

五、多引用金句：金句能夠直接帶給觀眾價值觀，引發討論。

三流的標籤讓觀眾看完後，像喝白開水一樣，完全沒有感覺；二流的標籤可引起觀眾興趣；一流的標籤能讓觀眾感興趣，又忍不住想參與留言和討論。

好標題的五個檢視

① 多用問句
② 結合時事
③ 列舉數字
④ 人物帶入
⑤ 多引用金句

/本/單/元/重/點/

一、如何正確在TikTok個平台下對標籤,讓平台幫內容找到目標觀眾?

二、一個好的標題,應該有哪四個思路?

三、一個好的標題有哪五種檢視方法?只要標題符合五點中的一點,就是一個好標題。

課堂
問題

運用好標題的四個思路寫出一個吸睛的標題文案。

如何製作吸睛的影音封面？

講師：617

很多人會問：「TikTok的封面重要嗎？」

對某些類型的影片來說，沒那麼重要，譬如娛樂類型的影片，像搞笑的、跳舞類的、播報類。對這種帳號來說，封面相對不太重要，因為很多人只要看到影片有趣就會一直滑下去。

但對某些類型的影片又非常重要，譬如知識類、口說類、美食類或美妝類，很多人會因為覺得內容不錯而點進首頁看看有沒有其他自己喜歡的主題，甚至逐一點開觀看，這時候封面的呈現至關重要。如果封面做得好的話，也會大幅增加你整個帳號的觀看數。

【重點一】影片一開始就說標題

正常情況下，TikTok影片會直接擷取影片一開始的畫面當作首頁圖。像我自己習慣的作法是在影片一開始就直接把大標講出來，這樣在後製時，就可以快速地上傳影片，是最不容易出錯的方式；也有些人的開頭是先提出一些大家會有共鳴的重點後，才開始講述主題，其實這樣也可以。只要記得在後製時，把首頁的影片秒數調整到講出大標的那個時間點。

如何製作吸睛的影片標題？

作法1 ▽	作法2 ▽
開門見山講標題	**先提出論述**
TikTok會自動擷取 第一秒畫面當作首頁圖	先論述再講主題 首頁圖要記得調整

【重點二】好的下標技巧

誠如前文所說，如果我們回到首頁之後，會想再看看這個人的帳號下還有哪些內容，通常都會選擇自己比較喜歡或感興趣的標題，因為TikTok影片一不小心就會拍很多支，很少人會真的一支一支很認真地逐一看下去，所以這時候標題本身如果下得好就容易勝出。

以下是我覺得比較有用的下標方式：

一、數字下標法：如「如何在30天內得到10000名粉絲」，人對數字、對時間都比較敏感，也較容易產生興趣，對於可量化的事物更容易感受到其對自己的影響力和幫助。

二、引起共鳴。（二～五點詳見〈單元16－如何幫影片正確下標籤和寫標題？〉，第198頁）

三、創造懸念。

四、引發爭議。

五、顛覆已有的認知。

Q 有用的下標方式？

① 數字下標
② 引起共鳴
③ 創造懸念
④ 引發爭議
⑤ 顛覆已有的認知

【重點三】兩行以內的大字

　　一般人在閱讀時，超過兩行字就會覺得很難閱讀，所以建議下標題時，文字再怎麼多都不要超過兩行，想辦法精簡，讓標題字看起來既大又明確。

　　有些人在下標時會想一口氣講清楚，如此一來，標題就會變得很冗長，每個字都變得很小或拆成好幾行，有礙閱讀。因此影片上傳後，記得一定要點進首頁檢查標題文字，當文字拆分好幾行時，字體大概是多小？一般人是否看得清楚？字如果太小，基本上也不適合閱讀。

　　另外，TikTok影片的右側有一整行功能選項，下方還有文字區塊，所以下標時也不宜把文字放太下面，如果能夠選擇的話，盡量置中一點較好，以免左右被裁切到。尤其是右邊，字若太靠右，也會被右邊的功能選項壓到。

下標題要注意的事項

① 兩行以內：標題清楚點出重點但是不冗長
② 標題精簡：字數少、文字能夠明顯好閱讀
③ 確認首頁圖：再次確認文字是否適合閱讀
④ 文字的位置：避免太過於兩側或下方的位置

【重點四】畫面的一致性

做封面時，最好可以使用一樣的字體、一樣的風格、一樣的畫面感，才有助於觀眾在篩選影片時，可以快速地找到自己喜歡的影片。

像有些人喜歡每支影片使用不同顏色的標題，或是字體忽大忽小，或是喜歡把大標放在不同的位置，有時候放中間、有時候放旁邊。這樣會讓觀眾在觀看整個首頁時，視覺上很難抉擇，眼睛一下子就疲倦了，同時也會讓觀眾覺得創作者很不專業，降低觀眾點擊影片的一些機會。

畫面一致性

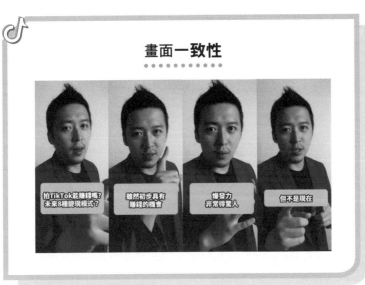

畫面**不一致性**

【重點五】擷取最有畫面感的秒數

　　TikTok影片的首頁，可以自己選擇要用哪一段影片作為封面。如果不是知識類型，不一定要寫文字，但如果你的畫面本身是比較強烈的，更容易吸引人觀看，譬如美食類，同樣處理雞肉，一開始的畫面是生雞肉，中間出現炸雞肉油滋滋的畫面，如果是我，當然選擇油滋滋的畫面，因為這樣首頁上所出現的畫面，雞肉看起來會更加可口，讓人想點擊進去。所以選擇一個相對比較有畫面感的片段，能引起觀眾的興趣是很重要的。

　　一個好的影音封面等於幫用戶建立一系列經過設計的目錄，能夠提升用戶觀看的整體體驗，尤其是知識型、口說類的帳號，更需要不斷精進封面。如果你是部落客，最難的就是如何讓標題與首頁圖都很好看，這一點對於知識類型的創作者來說至關重要。

經驗分享

好的影音封面是有一系列的設計
能大幅提升**用戶觀看的整體體驗**

/本/單/元/重/點/

一、影片一開始就說標題

二、好的下標技巧

三、兩行以內的大字

四、畫面的一致性

五、擷取最有畫面感的秒數

課堂問題：

課堂問題

你的影片封面與同類型的帳號相比，更有吸引力嗎？如果沒有話，你要怎麼調整呢？

如何評估上片頻率和發布時間？

講師：石總監

要強化文案或影片製作能力，需要時間來累積經驗和能力，無法短期內就能有效地進步，但是上片頻率與發布時間屬於營運技巧，可以透過正確的方式來快速提升，並且馬上達到立竿見影的效果。

【重點一】發片頻率依帳號各階段而定

關於上片頻率，可分別從三個階段進行：

一、帳號起步階段：即帳號平均影片都維持在1000觀看數以下時，建議做到日更或是一週五更，透過大量的影片發布，不斷地丟內容給平台，讓平台推薦給用戶觀看，從中累積數據，讓平台對要優先推薦哪些觀眾給你的頻道，或該優先推薦你的頻道給哪些觀眾看進行優化。

二、**成長階段**：當你的每部影片平均觀看數都能過1000，甚至平均到達5000觀看數時，要開始增進影片的質量，建議做到至少一週三～四更，還是需要繼續不斷地透過發片，讓平台在推薦過程中持續累積觀眾的互動數據，做演算推薦的優化。

三、**變現階段**：當影片的平均觀看數都上萬時，其實已經是影片隨時都會上推薦的狀態，代表你的頻道權重良好，意味你帳號在同領域同級別的帳號中綜合分數較高，這時就要強調變現。當到達變現階段時就要幫頻道立高度，同時也要為自己立人設，並且影片的質量一定要提升，相對地，影片發片量可以調降至到一週二至三支。

以TikTok來說，某些時候，影片量多或量少不重要，只要有一支影片成為爆款、被上推，觀看數一旦破30萬，在未來的一個月內，平台都會持續推流這支影片，所以在不同階段，發片的頻率會有不同的建議。

這只是大概性的建議，但有一點要特別提醒，請注意「流量疊加」的效果。不管在哪個時期，只要有一支影片上「推」，或成為爆款，出現觀看數超過10萬的情況，請把

手邊所有的庫存影片在未來2~3天內全部發布出去，以收獲流量疊加的果實，被爆款影片吸引成為新粉絲的人在這段期間裡，上任何新的影片，他都會優先看到，千萬不要錯過這個機會。我們強調總流量最大，而不是平均觀看量，「平均值」實質上並沒有太大的意義。

各階段的發片頻率？

起步階段 ▽	成長階段 ▽	變現階段 ▽
流量1000以下	平均1000~5000	流量破萬
建議日更 是一週五更	建議一週三～四更 開始增加影片質量	建議一週二～三更 確認頻道高度、人設

流量疊加

重複自己的爆款影片框架開頭微調，又是一個全新的影片，要懂得**複製自己的爆款**，這樣你才會省力。

【重點二】發片時間需觀察目標觀眾生活 與使用習慣

沒有最好的發布時間，只有最適的發布時間。做自媒體、做頻道主要在於經營人群，對於人群，你要站在他的立場去思考會在什麼時間打開TikTok來看呢？

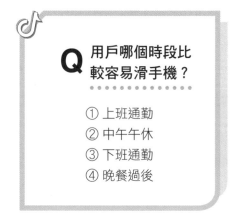

Q 用戶哪個時段比較容易滑手機？

① 上班通勤
② 中午午休
③ 下班通勤
④ 晚餐過後

基本上，一天中有四個時間適合發布影片，包括早上上班時間、中午休息時間、下班傍晚時間與晚上黃金時段（也就是晚上8點過後到11點這個時段）。但你知、我知、所有人都知道第四個晚餐過後的時段是最黃金的時段，這個時段競爭最激烈，如果不是戲劇娛樂、才藝搞笑類的話，建議選擇中午或傍晚時段發布影片，這兩個時段是我比較建議的發片時間。

總之，我們必須透過每一次的影片發布以及每週或每個月的觀察，來看看在什麼時間發布影片，流量推送跨過冷啟動是最快的；同時，前來留言的粉絲也是目標經營的人群，必須針對這些變化去做優化調整。

　　至於週一到週日，哪幾天是比較適合影片發布的時間呢？週一最忙碌，想想看，忙完一天回家之後，大概只想好好地休息，不一定會看片，所以相對其他日子，週一並不是理想的發布日期。

　　上班族或學生都一樣，週五下班、下課後進入週末時段，從週五晚上開始到週末結束，都是流量比較大的時間，但相對地競爭也比較激烈，所以究竟什麼時間最適合發布影片呢？還是要不斷地透過發片與數據的反饋進行調整，優化到一個最好的上片時間。

　　最後，提供一個發布影片的小技巧，假設目標人群會在中午上線看片，那麼是要準中午12點發片，還是應該提前一個小時，在11點發片呢？答案是後者喔！必須在目標人群上線高峰期前一個小時優先發片，透過這一小時，讓平台先幫你跑演算法的冷啟動，待冷啟動（請見〈單元5－TikTok演

算法〉，第72頁）一過，進入初階流量池時，剛好是目標人群開始上線滑TikTok，你就有機會上推薦。

經驗分享
· · · · · · · ·

要不斷透過發片的後台數據
來調整優化到**最佳的上片時間**

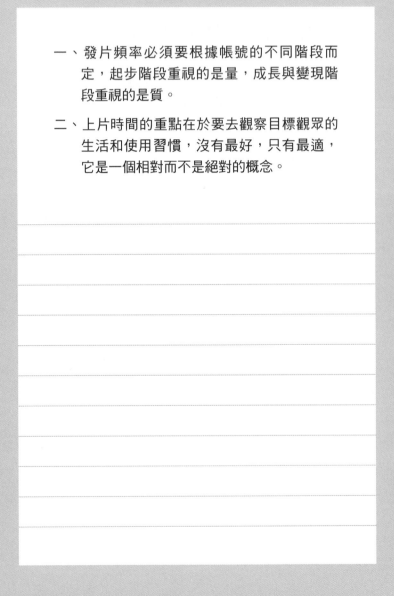

/ 本 / 單 / 元 / 重 / 點 /

一、發片頻率必須要根據帳號的不同階段而定，起步階段重視的是量，成長與變現階段重視的是質。

二、上片時間的重點在於要去觀察目標觀眾的生活和使用習慣，沒有最好，只有最適，它是一個相對而不是絕對的概念。

課堂問題

假設目標經營的人群是在家帶小孩的寶媽？請問什麼上片時間，以及一週間哪幾天上片最合適呢？

前期沒有粉絲該如何經營？

講師：617

開始經營帳號時，99%的人都會遇到同樣的事，就是前期在起號階段完全沒有流量，流量一直停留在2位數之間徘徊，粉絲也很難突破3位數，於是不斷地發布各種影片，但卻一直都沒有成效，時間久了，就覺得TikTok真是個爛平台，從此就不再發片了，這樣真的很可惜。其實只要撐過0到1的階段，後面很可能就會愈來愈順，但要怎麼撐過這個最艱難的階段呢？

本單元將與大家分享，如何克服初期很多創作者都會遇到的最大難關——從0到1？以及如何在沒有粉絲的情況下經營好帳號？

以下提出兩點來和大家分享：

【重點一】 得失心不要太重

　　首先是心態。得失心不要太重，先堅持創作30~90天，這期間可以每天發布一支影片，或是一週內發布2~3支影片。我遇到過很多學員或創作者，在剛開始起號時都很痛苦，影片發布之後沒有什麼效果，一直很糾結流量，然後久久才發一支，發布之後又改變發布方式，結果一個月內可能只發了幾支影片，而且每支的風格都不一樣，帳號的內容或經營都很雜亂，連平台都找不到你的影片，要如何讓它幫你優化並推薦觀看群眾？

　　當帳號的內容很雜亂且經營時間又很短時，平台是無法主動幫帳號判斷，自然就不會幫你引導流量，建議這個時候，一定要先堅持創作30~90天，只要持續一直做對的事情，TikTok就會給予回報；只要認真執行我們教授的心法、技巧，持之以恆，就會看到成效。

建議

• • • •

堅持創作30~90天

系統會推播更多受眾給你

【重點二】找到套路持續創作

　　首先何謂套路？是指在創作前，先思考整支影片的組織架構，進而持續複製使用。以口說號為例，開頭先簡短提出影片的目的，敘述為何要說明這個問題，接著提供解決方案，最後總結整個影片的結果，之後在後續的影片內，將整個結構代入使用，這就是所謂的套路。

　　若為戲劇號，那麼套路可以採用，開頭有位不在意容貌、不打扮的女性，後來因為遇到某些事情，如：被男友欺騙、公司不平等對待等，因此決定痛改前非，最後經過努力成為成功的女性，讓人高攀不起。而這種情境因為與我們生活很貼近，觀眾更容易產生共鳴。

　　不要對創作產生恐懼。很多創作者一開始就給自己設定

太嚴苛的標準，認為既然創了一個帳號，就希望這個帳號看起來非常屌、非常厲害，問題是他本身可能不太厲害，只好花費很多心思做足功課，努力想要拍出一支百分百完美的影片，於是拍攝時NG非常多次，花了很多時間，剪輯時又不斷地修正，最後花了四、五個小時，甚至更久的時間終於上線。可是要知道剛創建的帳號，照理來說是都沒有什麼流量，所以千辛萬苦認真做完的影片雖然上線了，流量卻只有個位數或2位數，信心便會大受打擊而心生退縮。

所以一開始應堅持影片先上再說，反正你也知道平台不會給你太多流量，所以在第一階段，重點不在於獲得高流量，而是要去告訴平台我的受眾到底是誰，只要用最輕鬆的方式堅持每天持續生產內容、降低創作時間，自然就不會對這個平台感到討厭；只要不討厭慢慢地就會愈來愈熟悉，並且開始有很多想法，逐一修正之後會愈做愈好。

【重點三】聚焦單一類型標籤內容

之前不斷對大家耳提面命「垂直類帳號」非常重要，所以剛開始時，千萬不要因為覺得影片效果不好，就一直修改

版型、修改文字、修改套路，一直不斷地修改，會讓整個系統搞不清楚你的對象是誰，所以一開始就要聚焦，譬如美食類帳號就只做美食；行銷類就專講行銷，把單一的垂直領域做好、標籤也預先設定好，如此目標受眾看完第一支你的影片之後，又看過幾次你其他幾支影片，每支皆一一點進去觀看，也會讓系統更清楚了解對於這個觀眾，未來應該給予什麼樣的推播。

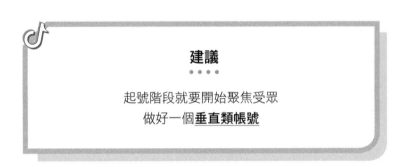

建議

• • • •

起號階段就要開始聚焦受眾
做好一個**垂直類帳號**

【重點四】多看同類型創作者帳號

所有創作者一開始都是從模仿開始，所以直接去尋找一些較具指標性的帳號，從中進行二創的搬運，擷取他們的長處，吸收之後，修改內容變成自己版本進行創作。如果你本

身是個名人，本來就擁有一定流量，學習時要有技巧，不要全部照搬，這樣會被人家看破你是學人家的。

若你本身只是一個素人，要的就是快速起號的話，這種方式確實可以更快地產生效果，但還是要提醒你，模仿與抄襲的界線很模糊（請見〈單元12－如何與同領域的人競爭？該模仿還是做自己？〉，第154頁），需要好好拿捏，究竟要二創到什麼程度，才可以在他人的基礎上保有自己的風格。

【重點五】多去其他帳號留言、互動

TikTok裡有各種類型的創作者，只要你願意與別人互動，別人也會很樂意與你互動，例如行銷類型的帳號可以多多去其他行銷類型的創作者版裡逛逛。久而久之，就會認識很多同類型或不同類型的創作者，甚至有機會與別人合拍。

有時，與其他創作者互動也會讓其他粉絲發現，「哇！原來他們是朋友」，你也就可以從別人的粉絲圈裡引導別人的粉絲關注你的內容，進而成為你的粉絲。

【重點六】透過其他社群導流

現在的人多同時經營不同的社群頻道，如YouTube頻道、FB、IG或其他社群，透過不同社群媒體的優勢，只要讓你在其他頻道的鐵粉們知道你開了TikTok帳號，並請大家關注你，便可直接將這些其他頻道的粉絲導入你的TikTok帳號。

對於本身有經營其他社群的人來講，這是一個可以迅速將既有的粉絲導流進自己所屬各頻道的方式，很多名人都這麼做，這也是為什麼名人剛創建TikTok帳號，粉絲會增加得這麼迅猛的原因之一。除了名人本身的高知名度外，其次就是因為他們本身擁有龐大的粉絲基礎，只要PO文說：「我在TikTok也有帳號囉！」就會有一堆人直接殺過去，所以有的帳號可以在一天內瞬間漲上萬粉絲都是有可能的。

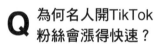

Q 為何名人開TikTok粉絲會漲得快速？

① 本身高知名度
② 龐大的粉絲基礎

[重點七] 檢討有效的影片複製成功的模式

當你已經創作出足夠數量的影片之後，就會發現有些影片的流量比較高、有些比較低，面對這種情形，你不能什麼都不做，而是要去觀察為什麼這支影片的流量比較高？為什麼那支比較低？是因為拍攝方式？下標的關係？還是影片秒數比較短是講到什麼重點？無論是完播率變比較高或留言數變比較多，都應該有跡可循，你必須將答案找出來。

所以說大數據很重要、後台很重要。後台可以告訴我們很多流量密碼，前台可以從中發掘成功的影片，然後去尋找其成功的DNA，就是最快免費獲得高流量的一種方式。

如何幫助影片播放量提高？

後台 ▽	前台 ▽
大數據分析	**觀察其他創作者**
統整後台影片數據 能有效整理出影片成效	從成功的影片 複製好的影片模式

【重點八】參加挑戰賽

TikTok官方每天都會在「發現」這個項目裡增加新的挑戰賽，只要影片可以加入挑戰賽的標題，並且在眾多挑戰者裡流量比較突出的話，就有機會擠進挑戰賽排行榜。

我之前有很多影片，雖然內容與挑戰賽的標題並沒有這麼直接的關係，但如果有間接相關我就會加入挑戰賽標題，只要影片本身的流量還不錯，就可能在首頁看到這些影片，有時還排在很前面，甚至排到第一頁的第一個，一旦進入挑戰賽排序的前幾名，就會發現流量紅利真的很美好。

很可惜由於軟體為了讓大家有更好的體驗，部分版本已沒有這樣的功能，少部分的版本點進首頁右上角的「搜尋」中可以找到。

【重點九】多與粉絲互動

與其有10000個有點喜歡你的粉絲，不如有100個超級愛你的粉絲！鐵粉是成功的第一步關鍵。

一開始，在帳號還沒有什麼人關注時，卻有人願意留言

和你互動，你要對他心存感激，並且也要認真地逐一回覆留言。說實在的，反正剛開始也沒有什麼人留言，不如把第一批留言的人當作VVIP客戶好好地經營，與他們互動，當你有了5個、10個、20個、100個這樣的鐵粉時，就不怕直播沒人看、發影片沒人留言，這時你的帳號已經變成一個健康的帳號了。

所謂「社群力」，其實就是經營粉絲的能力，當粉絲量愈多，帳號影響力就愈高，所以好好善待粉絲，時間久了，粉絲會帶給你意想不到的回報。

/本/單/元/重/點/

一、心態方面：

1. 不要得失心太重，堅持創作30~90天。

2. 要找到套路輕鬆創作，不要對創作產生恐懼。

二、作法方面：

1. 聚焦單一類型標籤的內容

2. 多看同類型創作者帳號

3. 多去其他帳號留言、互動

4. 透過其他社群導流量

5. 檢討有效影片複製成功模式

6. 參加挑戰賽

7. 多與粉絲互動

你的TikTok帳號現在已經有穩定的流量了嗎？你當初是如何突破0到1的關卡？如果你現在的粉絲量還在2位數以下的話，又該怎麼調整？

靠直播能幫你的短影片流量暴衝嗎？

講師：石總監

直播能讓短影片流量暴衝嗎？答案是不能！

【重點一】直播無法讓短片流量暴衝

在TikTok裡，短片和直播的推薦機制是不一樣的，直播的推薦機制主要來自「平台推薦」與「廣場流量」；而平台推薦參考的權重有二——「帳號過往直播的成績」及「帳號目前發布短片的用戶互動狀況」的綜合分數，與一般頻道的推薦機制有所不同。

雖然直播無助於短影片流量暴衝，但反過來說，頻道的粉絲數有助於直播開播時的流量！知道為什麼嗎？很多人說TikTok的粉絲不重要，因為85%都是來自平台推薦，但其實直播時粉絲數很重要，直播開播時，頻道粉絲只要上線，

「關注」的選項裡就會跳出「Live」的紅色提醒，點開Live就能看到自己關注的帳號播主正在直播，而增加播主的點擊率；除了粉絲主動「關注」的頻道外，與他最近常互動的頻道若正在直播也會看到，所以反過來說，頻道的活躍狀況與頻道粉絲數有助於在直播開播時的初始觀眾量。

平台推薦的參考權重

參考一 ▽	參考二 ▽
過往直播成績	**影片互動狀況**
平台會偵測過往成績 進而推薦給陌生觀眾	針對目前用戶互動狀況 進而推薦&提醒用戶

【重點二】什麼情況下，直播可以幫助影片播放量提高？

這裡有一個小技巧，就是在影片發布後過一小時再去看後台數據，若突破了800~1000播放量，進行到「上推階

段」，已經跨過冷啟動階段，即將到預備推薦流量池時，這時就可以開直播了，為什麼呢？因為這時開直播會有「流量疊加」的效果，開直播之後等於開啟第二個演算機制，平台會透過直播將頻道推薦給非粉絲觀看，當這些觀眾看過你的直播之後也許就會關注你的帳號，甚至點進你的頻道觀看其他影片；同時間，短片的演算機制再推送加上直播，讓直播演算法再去做推送，兩者互相加乘，會有流量疊加的效果。

雖然靠直播無法直接為短片帶來暴衝流量，但是「粉絲數」及「頻道的活躍狀況」能幫助帳號提高直播的初始觀看量。

如何幫助影片播放量提高？

作法 ▽	前提 ▽
開直播	**突破冷啟動階段**
發片後一小時開直播 增加演算法疊加推送	突破800~1000播放量 成功進入到上推階段

/本/單/元/重/點/

一、靠直播無法幫短片流量暴衝

二、發片一小時後成功突破冷啟動階段，到達
　　準備要「上推」時，開直播會啟動直播的
　　推薦機制，兩者相加，有「流量疊加」的
　　效果，此時就有機會讓平台帶更多觀眾來
　　觀看影片。

課堂問題：
一個帳號如果一個月都不發片，只靠直播，還可以
維持帳號權重嗎？

PART.5

掌握變現機會

臺灣TikTok目前的變現方式

講師：石總監

行銷和銷售的差異，在於「行銷」就是品牌和消費者先建立關係，關係的建立就像造橋鋪路一樣；而「銷售變現」則是商品轉換成貨幣的過程，這非常重要。我們常說要「以終為始」，要先明確知道商品轉換成貨幣的過程方向是什麼，再回推這條路，確認行銷的內容該怎麼做。

【重點一】臺灣六大TikTok變現模式

一、做廣告紅人：目前廣告紅人賣流量的方式，就是你的頻道有流量，把你的流量賣給品牌商，讓他的產品在你的頻道上曝光。接下來這一年，在TikTok上，一般人最容易上手，也最有機會變現的方式，就是做美食料理分享與探店。

二、電商帶貨：在國外，TikTok的影片可以掛外網連

① **廣告紅人**：將頻道流量賣給品牌做曝光
② **電商帶貨**：影片掛外網連結（未來開放）
③ **知識課程**：將專業知識做成內容商品來銷售
④ **直播帶貨**：用直播間流量來銷售商品
⑤ **引流私域**：將粉絲存到自有流量池再銷售轉化
⑥ **周邊服務**：短影音拍攝外包代工服務

結，臺灣目前還不行，但明年也許可以。試想，你今天拍了一支採芒果、切芒果的影片，並掛上芒果預購的連結，是不是就可以變成內容電商、興趣電商、電商帶貨，這是在TikTok上最有效，也最該研究的變現方法。

　　三、**知識課程**：講述特定領域的專業知識，透過短影片形式傳播出去，就像試聽課程一樣，可同時達到兩個目的：第一先讓觀眾體驗專業度，第二平台會把內容推送給目標人群。當觀眾透過課程體驗，認為你講授的專業知識有幫助，就可以請觀眾點選首頁連結購買線上知識課程。現在非常多從事語文教學類的創作者，都是透過知識課程的變現方式獲

利，這也是TikTok上一個非常主要的變現玩法。

　　四、直播帶貨：直播帶貨在中國抖音，已是抖音變現的主要方式，在臺灣，未來當直播也可以掛外網連結時，這種變現方式將是未來電商經營的主流。此外，TikTok官方現在很明確地在大力扶持直播，透過直播將有相同「興趣」的觀眾累積起來之後，透過直播，就可以進行產品或服務體驗會，有機會幫助你進行電商導流。

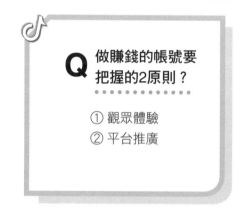

Q 做賺錢的帳號要把握的2原則？

① 觀眾體驗
② 平台推廣

　　目前，做直播帶貨要轉單都會指引觀眾到Line@，後續再完成客服促單的工作。

直播帶貨

官方目前**大力推廣直播功能**
存在流量紅利低成本曝光導流

五、引流到私域：如果變現的主要目的是收集名單，可以透過經營這些人感興趣的內容，譬如股票投資、房地產投資、理財或心靈諮詢等，再請對你的服務感興趣的人優先加入LINE群或社團，下一步再從中像漏斗行銷一樣，將這些興趣名單轉為實際購買的用戶，這就是引流私域的變現方式。

　　六、周邊服務：未來所有的內容都要轉成影音內容，社群小編都得製作短影音，但會不會做短影音，市場上存在非常大的落差，並不是每個人都會做品牌或個人內容的短影片，這時如果你會做，就有機會接到非常多的外包與代工服務，這也是一種變現模式。

　　這六大變現模式彼此間並不互斥，反而可以互相支援、組合，根據個人興趣與擅長的點，選擇自己想要的變現方式。

經驗分享

廣告紅人、電商帶貨、知識課程、
直播帶貨、引流私域、周邊服務
你能力愈強，變現方式愈多

【重點二】未來TikTok發展趨勢預測

未來臺灣TikTok的發展趨勢可以從三點切入：

一、**影片連結**：這是大家最期待的，當觀眾對於影片中帶到商品有興趣，影片旁就有連結可以直接購買，就是中國抖音俗稱的小黃車。而在2022年英國、東南亞國家（如印尼、馬來西亞、越南、菲律賓和泰國等），都有在上線影片掛連結功能，稱為TikTok shopping，預計2022年底在北美，到2023年Q1（第一季）的日韓預計陸續開通。如果在2023年下半年，臺灣的TikTok影片內容和直播間可以掛連結，就大大提高內容流量變現的效率。因為有流量推薦之後，只要

放上產品就能產生消費。所以如果你已經有產品，不需經營帳號和拍影片，只要對應找到有流量的帳號，請創造者拍攝介紹影片放上去，電商銷售最後一哩路就形成了。

二、**開啟本地服務：**中國抖音的推送頁的首頁分為三個內容來源——你的關注、平台推送及同城。中國的同城搬到臺灣便是同區，試想，如果可以選擇優先觀看自己居住所在地的影片，譬如板橋、中和，甚至是台南，是不是就可以了解當地生活圈裡有哪些人分享哪些事，其背後隱藏著「社區團購」、「在地團購」的趨勢，非常令人期待。

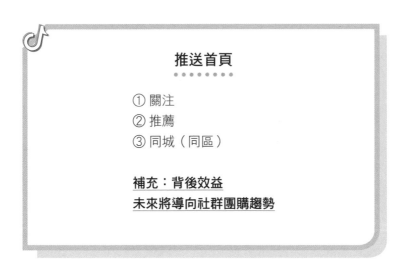

推送首頁

① 關注
② 推薦
③ 同城（同區）

補充：背後效益
未來將導向社群團購趨勢

三、**打卡功能：**想想看，當你在某餐廳拍了美食開箱影片，影片還可以打卡的話，你知道打卡功能有多強大嗎？之後若可以把販售餐券的服務連結上打卡功能，是不是等同幫這家餐廳做到非常精準的在地行銷呢！

未來如果TikTok可以推出打卡功能，又可以開啟販售餐券的話，這樣的變現模式真的是非常強大，想想Facebook粉絲專頁打卡給在地店家的導流效果，未來能百分百複製來TikTok，同樣令人期待。

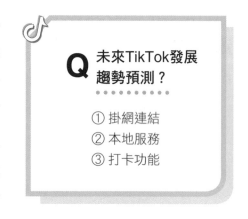

【重點三】如何透過TikTok打造新媒體的電商零售模式？

短影音TikTok平台的存在就是為了解決品牌與產品間的流量問題，現在所有社群平台的公域流量都非常地昂貴，但

轉換效率卻愈來愈差，而且一旦沒繼續燒錢流量就沒有。但在TikTok上，我們能用內容換流量，只要能創造出好的內容平台就會推薦給予流量，解決沒錢買流量問題，同步主動幫內容找到精準的目標觀眾。這時候你若擁有產品，只要把產品放上TikTok影片分分秒秒都可以賣出去；如果你是藉由影片創造網路流量的人，並且擁有一群明確的觀眾跟隨，只要將產品放上影片，成為電商也就是水到渠成的事。

　　未來，透過短影音內容的變現方式可將內容轉化為興趣電商，透過直播進行線上團購體驗的消費，這個發展趨勢著實令人非常期待。

短影音未來內容變現方式？

方法一 ▽	方法二 ▽
內容興趣電商	**直播團購**
將有興趣的粉絲 變現為購買顧客	以線上互動方式 讓顧客有團購體驗消費

/本/單/元/重/點/

一、在臺灣，六大TikTok變現模式為何？

二、未來TikTok的發展趨勢預測為何？

三、如何透過TikTok打造新媒體的電商零售模
式？

課堂問題

如果你想在TikTok上行銷產品，會選擇什麼變現方式呢？

中國抖音目前的變現模式

講師：石總監

相對於國際TikTok，中國抖音已經是非常成熟的平台，如果你現在是個普通人或是小商家，要加入中國抖音實現變現的話，一定要知道現在最正確的變現方式，以及如何才能夠低風險、高報酬。

我想，大家應該都同意中國抖音不缺流量的事實，既然不缺流量，如何才能變現？那就是要能幫中國抖音賺錢，透過什麼方式賺錢？當然就是電商。以下分為四個重要的變現方式：電商、流量、本地生活和全民任務來說明。

Q 中國抖音的主要變現方式？

① 搜索電商
② 流量變現
③ 本地生活
④ 全民任務

【重點一】搜索電商

　　現在抖音主要在推廣的就是「搜索電商」，只要有商業許可證，開間小店，就可以上架商品。透過觀眾直接進入抖音搜索產品的過程，如果你的產品搜索排名優先排在前面的話，只要做好兩件事情──「產品上架正確」與「做好客服」，就有機會透過「搜索流量」實現電商變現。

　　如果想要進一步提高流量，不妨嘗試看看幫產品拍攝影片，就有機會當大家還在搜索時，抖音會優先推薦流量互動高的影片，這種方式與臺灣蝦皮非常相似，在蝦皮，只要挑到一樣爆款商品，商品上架時也上傳商品影片，就有機會增加你的品類搜尋排名！所以，做「搜索電商」最重要的一步就是「選對產品」。

搜索電商

① 產品上架正確
② 做好客服服務

補充：如何高流量
嘗試拍攝產品影片，提高影片流量與互動。

【重點二】流量變現，中視頻夥伴計畫、遊戲發行人計畫

「流量變現」怎麼實現？現在抖音推出「中視頻計畫」，只要影片長度超過1分鐘、在15分鐘內，就可以一鍵上傳「今日頭條」和「西瓜視頻」，藉由在「今日頭條」和「西瓜視頻」的流量觀看做廣告分潤，對照到臺灣，就是YouTube的廣告分潤方式。

流量變現的第二種方式就是「遊戲發行人計畫」，主動說明或教授如何玩遊戲或APP，透過影片內容的觀看、點讚，甚至APP下載，遊戲商會實施分潤。

抖音流量如何變現？

① 中視頻夥伴計畫：影片可上傳今日頭條、西瓜視頻，在兩者賺取流量觀看做廣告分潤。

② 遊戲發行人計畫：藉由主動教學APP、遊戲內容、透過觀看、點讚、下載量賺取分潤。

【重點三】本地生活團購達人計畫

　　「本地生活變現」就是抖音現在推出的「團購達人計畫」，只要有一張嘴和兩隻腳，到店裡吃完產品並拍成影片後，再掛上團購券的銷售連結，每賣出一張團購券，店家都會分佣金給你，就像以前的GOMAJI或GROUPON（酷朋），如果有人透過你的分享碼購買商品的話，平台還會分潤給你。

本地生活如何變現？
· · · · · · · · · · · · · · · · · · · ·

Step 1 ▽	Step 2 ▽	Step 3 ▽
拍攝影片	**連結導流**	**佣金分潤**
實際到店體驗拍攝	掛上團購券連結	賣出數量賺取分潤

【重點四】全民任務

　　第四個變現方向是最容易的，每個人都會，抖音的「全民任務」講白了就是用勞力去換錢，比方說，「觀看影片」並「留言」、「分享」可以賺錢，進入直播間，「關注主播」並「留言」也可以賺錢，簡單來說，就是臺灣的網軍，透過網軍做事情轉換成你的任務，進而轉換成金錢。

　　以上是中國一般人或普通商家經營抖音的四種變現方向，若是企業，變現方向還是以「內容電商」和「直播電商」為主流，基本思路可以參考〈單元21－臺灣TikTok目前的變現玩法〉（詳見第246頁）。

全民任務

透過完成指定任務
變現金錢的方式

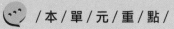

一、搜索電商

二、流量變現，中視頻夥伴計畫和遊戲發行人
　　計畫

三、本地生活團購達人計畫

四、全民任務，每個人都可以透過自己的帳號
　　完成廠商的任務指令後獲取金錢。（一般
　　企業仍以「內容電商」和「直播帶貨」變
　　現為主）。

課堂
問題

如果你是經營中國抖音的普通人，會選擇什麼樣的
變現組合模式？

如何為TikTok頻道做好變現的準備？

講師：617

從YouTuber到TikToker，我看到太多太多的影音創作者都有相同的通病，就是擁有超級高的流量，卻無法變現，簡單來說，就是賺不到錢！然後就會發生愈來愈無力去拍攝的狀況，因為花了很多時間與心力去穩住流量，甚至一直不斷突破自己的流量天花板，但就是賺不到錢沒有業配。

與TikToker相比，YouTuber相對好一些，因為YouTuber本身有分潤機制，只要影片流量夠高，還是會有額外的分潤，但如果是TikToker，就完全沒有這個優勢，往往會拍到懷疑人生，甚至停更。

說實在的，就算是YouTuber，100萬的觀看量充其量只有3萬~6萬的分潤，就算有分潤也養不活一個團隊，最後還是會停更。身為影音創作者，究竟該如何為自己的頻道做好

變現準備？

【重點一】不精準的粉絲沒有太大價值

在社群中，不精準的粉絲是沒有太大價值的，我一般都會建議創作者經營「垂直類的帳號」，何謂垂直類帳號？它是一個單一領域的帳號，譬如「行銷帳號」、「美食帳號」、「母嬰帳號」、「寵物帳號」，所有的帳號都只針對單一主題去執行，累積的群眾就會很精準。（請參考〈單元11－到底要拍有趣，還是有用的影片？〉，第142頁）

垂直帳號
. . . .
針對單一領域帳號執行
EX：行銷、美食、寵物等

什麼情況下會出現不精準的粉絲呢？一種是「綜合類帳號」，譬如很多人喜歡拍純搞笑的影片或是不斷變換內容主題，如果每次拍攝的主題都不同，系統每次引流的觀眾都屬

於不同族群，以致目標族群很雜亂，從10幾歲到50、60歲的人都有，彼此間也沒有共同的興趣，毫無變現價值。

或許不能這麼武斷地直接認定沒價值，畢竟我有許多創作者朋友也是在經營「綜合類帳號」，但他們本身都有自己的變現模式，經營這類帳號要的只是曝光度、知名度，需要的也就是影片量愈大愈好。

還有一種人的經營策略是為了高曝光與低轉換率，譬如他有100萬名的粉絲，可是粉絲不精準，但因為粉絲母體夠龐大，就算是個位%數，也是可以轉出一些東西來。換句話說，帳號經營也要看創作者本身的策略而定，但如果你的族群太過於繁雜、分布太廣、無法聚焦的話，大多數時候還是很難變現的。

另外一種不精準的狀況是「你的來源是錯誤的」，譬如一位女性朋友每天穿著低胸的服裝跳舞，吸引到的粉絲多半都是男性。在這種情況下，如果主售女性用品的話，應該很難銷售出去，因為她的粉絲多為男性，主要是為了美貌而來，並非精準用戶，自然無法透過TikTok的大流量有效變現。

什麼情況下有**不精準粉絲**

① **主題綜合類**：主題不固定導致吸引的族群雜亂
② **高曝光策略**：追求高曝光、低轉換率的策略
③ **來源的錯誤**：主要族群與販售的商品不匹配

【重點二】先想清楚經營社群的目的

變現前先想清楚經營帳號的目的，一般來說，不外乎賺錢或賺知名度。很多年輕人剛開始經營帳號或自媒體時，因為未曾享受過走紅的滋味，往往會想要知名度，覺得用任何手段都好，先紅再說，可是一旦為了知名度而無所不用其極後，粉絲並不精準，所以賺不到錢。

其實賺知名度並不難，以社群操作來說，只要是女性穿著清涼或持續做怪異的行為，基本上都能獲取大量的流量，只是這樣的流量對你來說有幫助嗎？沒有吧！所以很多人剛開始為了知名度奮鬥，最後還是會回到「想賺錢」。

【重點三】怎麼賺錢？

　　大多數的創作者在賺錢都有一定的路徑，一開始是「業配」，因為這階段自己還沒有商品，是接受廠商邀請為商品做業配，例如在影片中置入廠商的商品，接著因為已經有了一些經驗，可能自己也會去批些貨來賣，最後因為批貨來賣的效果不錯，就會想去做自己的品牌。

創作者賺錢的路徑？

Step 1 ▽	Step 2 ▽	Step 3 ▽
業配	**成為批發商**	**創建品牌**
置入廠商的商品	自己批貨販售	建立自己個人品牌

　　大多數人通常會卡在第一關很長時間，少數人能順利進到第二關，能走到第三關的人少之又少，不管怎樣，這樣的變現路徑很明確，就是要有單一明確的受眾，所以要不斷地

叮囑大家，千萬不要去找一群不精準的粉絲，因為會讓你未來的變現之路遭遇非常大的困難。

另種狀況，如果你本身是業者，且擁有自己的商品，那麼在創立帳號時，因為已有現成的商品可販售，所以可獲得的效益最高，譬如從事手機維修、銷售農產品或提供服務等類型的帳號。基本上只要看完影片，就知道你在做什麼或可提供什麼，當觀眾對你產生信任感後，自然就會尋求你的服務，這也是最快的變現方式。

經驗分享

除非自己本身是業者
有產品、有通路效益是最高的

【重點四】在內容上面保留合理置入的空間

有時拍攝影片會忘了預留可置入商品訊息的空間，等到真的有廠商來談行銷置入時，卻不知道該如何置入，那麼平時該怎麼預留置入空間呢？

以我為例，我是個口說類的創作者，會講述各種類型的行銷資訊，如果每次拍攝影片時，在開頭加入吃零食喝飲料的畫面，未來是不是就可以承接食品或飲料廠商的行銷合作，毫無違和地一邊拍影片，一邊吃東西喝飲料，因為大家都已經習慣看我吃吃喝喝了，甚至還會期待看我吃什麼，我就可以很自然地把食物拿出來。如果我平常都不做任何的商品露出，某天廠商突然硬要我在影片裡擺放零食飲料的話，畫面看起來就會很突兀。

以創作者的立場來說，若想在我的影片裡置入任何商品，一定要符合影片的主題，即使只是一小罐飲料或一小包零食，我也要知道有沒有任何合適的亮點可以說，這樣就能一面讓商品在影片露出、一面說亮點，那麼商品才會與影片主題吻合，觀眾才會接受。我們常會遇到一種狀況，平常拍

影片時很有趣很好玩，一旦要置入客戶的商品，就會覺得很尷尬很突兀，而這樣的突兀可能會影響影片流量遠低於平均水準，也會讓客戶感覺把錢投放在你身上很沒價值，也不會想和你再次合作。

內容置入

① 預留置入空間
② 無違和置入替換
③ 消費者習慣模式

補充：產品露出
若平時沒有在做產品露出，到時在做置入時會很突兀

〔重點五〕如何從被動變主動？

成為創作者之後，有了一定的流量，就會有廠商開始來找你做業配，但是或許來找你的業配內容都不是你喜歡的，或是品牌高度不符合期待，你希望與更高端更有質感的品牌

合作，該怎麼辦呢？

這時你可以化被動為主動，最簡單的方式就是為自己的頻道製作一份簡報，詳細介紹你創建這個頻道的目的、TA與受眾背景，譬如男生、女生、粉絲年齡層或是受眾的屬性、喜好，以及影片的平均流量、粉絲數、按讚數，並主動將這份簡報寄給想配合的廠商。這樣一來，你就會比別人更有機會接觸更多廠商，獲得更多業配的機會。

經驗分享

頻道目的、TA、受眾背景、
平均流量、粉絲數、按讚數
做一份簡表詳細敘述**化被動為主動**

【重點六】等待平台開通服務

之前曾說過TikTok其實就是抖音的弟弟，而抖音還有許

多功能TikTok目前還未開通，但可預期未來抖音這些功能會陸續下放到TikTok上，如中國抖音有種變現方式——「聯盟行銷」，很強大且很方便。

抖音本身提供一個巨大的平台，讓很多電商可以把自己的商品上架，而很多創作者可以尋找與自己領域裡相關的商品，直接將商品購買連結放在影片下方，如果有人直接點選連結購買該商品，就可以獲得銷售分潤，但無須負擔任何金流、物流或客服成本，只需要導流就可以獲得分潤。這個方式讓創作者的變現方式更靈活，不需要搭建網路商店就能進行銷售。

什麼是聯盟行銷？

平台 ▽	合作 ▽	後續 ▽
TikTok	創作者	持續導流
提供公共平台 讓電商上架販售	尋找符合的廠商 提供商品連結即可	不用負責後續服務 只要導流就能分潤

可惜，現階段的TikTok還沒有開通這樣的服務，也不知道何時會開通、會不會開通，所以目前唯一能為這件事做好預備的方法，就是經營「垂直精準」的帳號，愈垂直，待服務開通後，帳號的價值就愈高。如果是書籍的帳號，未來可以賣書；論述行銷工具的帳號，未來可以銷售更多行銷課程，愈是精準愈是垂直，未來變現的機會愈大。

誠如前文所說，每個創作者的目的都不一樣，有些人想賺錢、有些人想賺名，但到了最後，還是會不約而同地走向現實——要賺錢。作為一個會賺錢的帳號，一定要把握一個原則，就是在**創立帳號時，先想好未來最終的變現模式，在設計整條變現路徑時，心中才會有一把尺，將這條路上對變現無益的事物全部刪除，並且能夠持之以恆地創作下去，成就正向循環。**

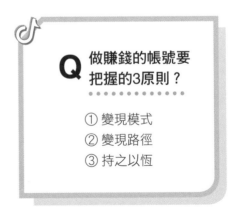

Q 做賺錢的帳號要
把握的3原則？

① 變現模式
② 變現路徑
③ 持之以恆

我相信沒有一個創作者喜歡在受限的情況下創作。如果帳號能夠營利，也就可以無後顧之憂地去做自己想做的內容，而不會受限於經費不足、沒有好器材、好場地或好的拍攝方式。每天被時間壓迫，導致創作出來的成品不佳，變成惡性循環。

/ 本 / 單 / 元 / 重 / 點 /

一、不精準的粉絲是沒有太大價值的

二、先想清楚經營社群的目的

三、怎麼賺錢？

四、在內容上面保留合理置入的空間

五、如何從被動變主動？

六、等待平台開通服務

課堂問題

你是否能夠清楚地寫出自己經營頻道的目的為何？未來要怎麼變現？為了達到變現的目的，你從現在開始應該如何設計影片？

客戶會希望怎麼用
你的作品業配？

講師：617

很多創作者歷經千辛萬苦之後，終於接到業配，但卻與業主發生不愉快，溝通上也漏洞百出，彼此留下負評，創作者在創作圈裡不斷地謾罵業主，業主也在業主圈裡面拚命謾罵創作者，到底為什麼會發生這種事？頻率還不低。

【重點一】業者如何看待業配這件事？

首先，要了解業者究竟是怎麼看待業配這件事？一般來說，業者可分「直客」與「廣告代理商」兩種。有些小公司是直接面對KOL（Key Opinion Leader，關鍵意見領袖）與KOC（Key Opinion Consumer，關鍵意見消費者），這類業者就是「直客」；也有規模較大的公司，會委託「廣告代理商」尋找合適的創作者。不論是以上哪種形式，在篩選

KOL、KOC時，多半都會先詢問哪些創作者在這些領域裡是領頭者？前幾名是誰？他們的形象是否適合？與品牌形象有無違和？他們的受眾精不精準？曾與哪些知名品牌合作過？能否保證流量？

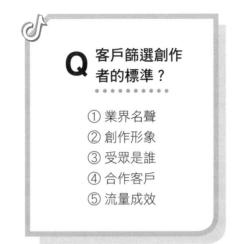

Q 客戶篩選創作者的標準？

① 業界名聲
② 創作形象
③ 受眾是誰
④ 合作客戶
⑤ 流量成效

其中有些問題很值得討論：

一、你是不是這個領域裡，排名較前面的創作者？ 如果你的領域經營很垂直，並且在這個賽道裡沒有太多的競爭者，也許你只是前幾名，就可能被列入備選名單中；如果你的賽道裡有太多同類型的創作者，譬如美食類、旅遊類或是正妹跳舞，有很多大流量的人，競爭就會很激烈，很難脫穎而出。

二、形象適合嗎？ 一般來說，品牌商都非常在乎品牌商

譽，有任何污點的創作者往往會被廠商打入冷宮。如果你一開始的創作軌跡是靠脫衣、謾罵或任何比較極端的方式走紅，質感度佳的品牌廠商一般都不會選擇這樣的創作者，除非是商品較特殊的廠商，例如成人片或特殊商品，但這類廠商畢竟相對較少。所以創作者務必要愛惜自己的羽毛，你走過的每一條路，未來都可能成為廠商評估你的重要依據。

　　三、受眾是否精準？回到前面所強調的，你的帳號是否垂直？如果流量很大，但不精準，大多數的廠商都不會選擇與這樣的創作者合作。

　　再來是曾與哪些知名廠商合作過？也許你會疑惑，一開始根本沒有業配的機會，怎麼可能和知名廠商合作？這時候有個動作很重要，那就是慢慢爬！如果為了賺錢，硬是承接大量質感不好的廠商業配，久而久之，就會被定型為專接低Level商品的創作者，好品牌自然就不會來找。所以愛惜羽毛的創作者會慎選業配合作單位，選擇先把內容做好，只與一些質感佳的大品牌合作，並只收取少少的報酬或以互惠合作等方式，等達到一定高度後，再開始收費或抬高費用，凡是和品牌質感不符的就不接，符合的才接。這麼做，在初

期或許會喪失很多機會，但長久來看，因為你的品牌經營良好、商譽提升，接到好品牌的機會愈來愈高。

四、流量是否穩定？ 有些創作者，尤其是TikTok的創作者，流量常常很不穩定，可能這支影片有數十萬的觀看，但下一支影片只有數百或數千人觀看，所以如何讓影片的觀看量保持一致性，維持流量穩定非常重要。

尤其很多創作者拍攝有業配內容的影片時，風格會與平時拍攝的影片完全不同，這也是導致流量大幅度降低的可能因素，誠如前文所說（詳見〈單元23－如何為TikTok頻道做好變現的準備？／【重點四】在內容上面保留合理置入的空間〉，第270頁），所以如何在原本的影片裡，置入可被業配的空間是非常重要的。

客戶篩選創作者的標準

① **業界名聲**：是不是在該領域排名前面的創作者
② **創作形象**：創作者本身風格是否跟品牌形象不符
③ **受眾是誰**：受眾精準度是否會導致影響變現成效
④ **合作客戶**：歷屆合作過的廠商客戶是什麼領域的
⑤ **流量成效**：創作者平均的影片流量觀看是否穩定

【重點二】傳統影像的業配流程

首先，製作公司會先跟客戶提案，提供企劃簡報，讓客戶知道要做怎麼樣的影片、做過哪些影片、大概會如何呈現以及預定的拍攝架構，待客戶同意雙方簽約後，便開始擬定細部文字或圖像腳本。

過程中廠商有任何疑問，製作公司都要一一回覆，確保廠商在還沒看到影片之前，就可以想像出影片會呈現什麼模樣。

有些客戶會在拍攝時，親自到現場觀看以確保能夠掌控現場狀況，待拍攝結束後製作公司在剪輯影片時，會提供A Copy與B Copy兩種版本。A Copy是順剪，就是先剪一個沒有字幕、沒有特效的原始版本給客戶看，沒問題再進行B Copy的剪接。有些客戶非常嚴格，若影片成效不如預期甚至會要求重拍，面對這種要求，有時製作公司也不得不答應，以致大幅提升製作成本。

傳統影像業配流程

提案 ▽	合作 ▽	後續 ▽
提供簡報	雙方簽約	交片階段
製作公司跟客戶提案，讓客戶了解應片呈現方式	擬訂細部的文字腳本，要一一回覆客戶疑問	A copy：順剪無字卡版本 B copy：全部完成版本

【重點三】創作者的業配流程

　　大多數的創作者都是先在腦中構思完腳本→自己拍攝→自己剪接→自己上架→結束。

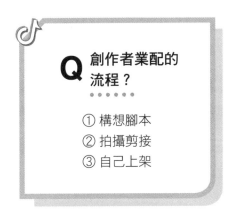

Q 創作者業配的流程？

① 構想腳本
② 拍攝剪接
③ 自己上架

你發現了嗎？一般創作者與傳統影像製作公司的工作流程完全不一樣。對傳統的影像製作公司來說，甲方與乙方的身分非常明確，廠商要掌握每個細節，時不時要製作公司回報進度，在影片上線前，要完全掌握其走向，就算沒有真實畫面，也要能夠想像出成品，製作公司更要提供大量範本給廠商參考。

　　而製作公司不能有絲毫的不尊重客戶，也不能擅自決定上架事宜，因為傳統廣告公司對於影片上架的時間、排程都有固定排程，以及也可能涉及後續投放預算等規劃，所以非常嚴謹。

　　不管是傳統的製作公司或獨立創作者，與廠商間就是要多溝通，多溝通總不會錯。目前依我所知道與廣告客戶磨合良好的創作者，多半擁有廣告經驗或年紀稍微長一點，比較能夠抓到客戶的喜好，待人接物合於禮儀，比較不會得罪客戶。

【重點四】商品置入技巧

　　對很多創作者來說，商品置入就是有出現就好，但對廣

告主來說絕非如此，他會希望自己的商品在畫面上出現時看起來很完美，沒有任何受損、擠壓或擋到商品LOGO，若是衣服或布料，則不能出現任何皺褶。創作者在內容上，也需要口頭提到關鍵字或廠商指定曝光的功能或特色等，有時候這些要求會讓影片顯得很不自然，有賴雙方協調。

商品置入的角度

廣告主 ▽	創作者 ▽
商品完美呈現	**產品業配介紹**
不能有任何受損 包含擠壓、皺摺等	口頭要提到關鍵字 客戶指定要求的介紹

在什麼情況下，雙方容易出現摩擦？第一是不尊重客戶，解決辦法就是多溝通多回報，讓客戶有賓至如歸感，如果創作者實在拉不下臉溝通或事事回報的話，建議找個朋友或助理專責溝通，你負責專心創作，如此就不會把情緒帶入創作裡。

第二是先協調好業配露出部分的多寡，雙方事先協調好，不一定要對客戶的要求全盤接收，可以用專業來說服客戶。

　　如果已經事先設計好，一個預留空間置入廠商業配訊息的影片形式（詳見〈單元23－如何為TikTok頻道做好變現的準備？／【重點四】在內容上面保留合理置入的空間〉，第270頁），就可以跟客戶說：「要置入業配沒問題，請用我這套方式，可以的話就接受；不行的話也沒關係，也許這次較不適合，以後還有機會。」透過這種方式，由你制定遊戲規則。除非你已經窮到要被鬼抓走，超級想接案子，否則透過這種合作，方式可以慢慢建立一個合作模式，未來也不用擔心會被廠商逼迫製作不合宜的影片，你可以讓廠商融入你的遊戲規則，建立自己的話語權，等到業配量愈來愈多時，你會發現這種方式很輕鬆，不用為了滿足每個廠商的需求製作全客製化的內容。

　　客戶其實是每個創作者的衣食父母，需要用心對待，或許除了創作短影音外，你本身也有在做電商，但業配是許多創作者初期的收入來源，你與客戶並不是敵人，所以一定要

學會如何與客戶保持良好的關係。

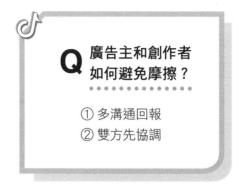

Q 廣告主和創作者
如何避免摩擦？

① 多溝通回報
② 雙方先協調

　最後，與大家分享一個小祕訣，你可以先制定自己的業配價碼、合作模式與規則，等到談案子時，先發制人地把這份資料交給客戶，如果對方願意接受你的條件，未來合作就可以少掉很多溝通上的問題。

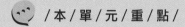

/本/單/元/重/點/

一、業者是如何看待業配這件事情？

二、傳統影像業配流程

三、創作者業配流程

四、商品置入技巧

課堂問題

如果從沒接過業配，有哪些部分是你覺得自己需要再加強，才可以獲得業配機會？如果已接過業配，你是如何優化自己的運作流程，提升業配品質、提升業配價碼的？

只要開始永遠都是最佳時刻

文／石總監（石尊元）

　　恭喜你！終於讀完這本書，是不是有一種還沒有準備好的感覺？你是否還想問：

　　「現在才開始做TikTok還來得及嗎？」

　　「TikTok的風口是不是要結束了？」

　　「我是完全沒經驗的小白可以做成功嗎？」

　　「如何成為一個TikTok創作者？」

　　相信除了上面這些問題外，可能還有非常多問題困擾著你，但短影音是這時代給我們最好的禮物，因為它改善了一個商業本質的問題。

　　商業本質就是交易，有交易才有辦法創造收入和價值。

　　大部分的商業行為都努力在降低交易成本，如何更有效讓潛在消費者看到我們的商品，如何讓他們對我們商品有信

任感，要解決這兩個問題，要進一步討論到兩個概念：「流量」和「品牌」，兩者從不矛盾，且用消費者的購物行為來看，更存在於不同階段。

簡單舉例來說，當你想要幫小孩買積木的時候，是不是腦中馬上浮現「樂高」兩個字，沒錯，我想到也一樣，因為樂高是「品牌即品類」的成功案例。所以，在你還沒買但有想買或有需求時，就已經存在你大腦心智中，就是在購物前已經接觸到消費者。

那流量呢？簡單來說，就是當消費者準備購買商品時，心中沒有明確品牌需求，他會開始透過網路搜尋品類或是關鍵字，接著發現很多同品類的商品，通常會先點開排名中第一個來看，如此就是商品比品牌優先接觸到消費者、增加銷售機會的方式。

所以，**購買前接觸，靠品牌；購買中接觸，靠流量。**

回顧這十幾年來，手機移動上網的蓬勃發展，網路電商上獲得巨大收益，所奉行就是流量至上，得流量者得天下，因為網路流量很穩固的集中在幾大平台：社群互動在臉書、網路搜索用Google、購物消費集中在大型購物平台，像

MOMO、PChome或蝦皮。所以，想掌握流量搶先曝光在消費者社群動態或是希望在搜索排名前面，砸大錢買流量就能變現，但用錢去買流量是標準品，你知、我知或獨眼龍都知道，當然就變成一場價格競逐戰，最終能獲取流量都集中在大公司或大電商平台手中，普通人機會渺茫。

但近六年來，影音內容已經發展到占我們上網時間90%以上，平台為了搶占更多用戶上網時間，就需要提供更多符合個性化的需求，滿足用戶需求，他們才會喜歡持續停留在平台上，一個平台用戶停留時間愈長且人數持續成長才有商業價值。所以，從「流量至上」轉為「用戶為王」，滿足不同用戶的需求，使得我們每一個人所關注和感興趣內容差異化愈來愈大，流量從集中轉成分散，只用花錢買流量的成本只會愈來愈貴，接觸到目標消費者效率也愈來愈低，相較之下，如果你的內容觀眾喜歡愈多，平台就會獎勵給你流量愈多。

用內容去換流量，不再只有標準品，拿流量也不再是有錢人專屬品，如果我們懂用戶又會做內容，普通人當然有機會拿到更多流量，看看許多百萬YouTuber或直播主一個人拿

流量的能力甚至贏過大公司。

那在影音成主流，內容為王的個體覺醒時代，為何短影音在這二年躍升為主流？

TikTok甚至搭上這波趨勢，在2021年榮登世界流量第一的平台？

是TikTok炒紅了短影音，還是TikTok看準短影音趨勢率先進場？

答案是後者，因為**短影音是五年內最大風口趨勢沒有之一**。

為何？因為它本質提升效率問題，讓內容製作成本降低，用手機拍攝後製就完成；讓內容吸收成本降低，相比文章和長影片，短影音在手機閱讀上更方便，讓觀眾年齡層更廣泛，趨勢一但成行就回不去。

回到開始提到商業上如何降低交易成本，獲取收益，要靠「流量」和「品牌」，透過TikTok短影音平台，你既懂觀眾又能把內容做好，自然獲得便宜又多的流量。觀眾在持續收看你的內容過程中，如果你能滿足需求和解決問題，藉由內容來創造價值，觀眾進一步會關注成為粉絲，你則會成為

他們心中的品牌。

我們普通人只要把你原本的商業模式或者生意，搬上來到TikTok，就能高效獲得流量和積累品牌。

說到這裡你還是擔心不知道風會不會持續吹。其實TikTok短影音風才吹了二年而已，遠遠還沒有到達頂峰。

這波短影音趨勢的風，一旦吹上去就回不去了，**短影音是未來五年最大風口，沒有之一。**

為什麼你還沒有準備全心投入去做？

因為你有很多很重要的事情。你會說，你有自己的產業、你有自己的實體、你有自己的業務、你有自己的客戶……。

我們每天在做很忙碌的事情，忽視了最重要的事情，你知道這是最重要的事情，但你只是想了想或者偶爾參與一下，你沒有真正的All in去做、這個就是普通人和成功的人的差別。

這點沒有想明白，你永遠也抓不住風口！

成功的人因為相信而看見，失敗的人因為看見而相信，風口機會一旦錯失再也不等人，所以，當你問我如何成為一

位TikTok創作者時，我會說：

馬上拍一支片發布出去，你就開始成為創作者了。

記住要把TikTok做好是熟練度問題，絕非是天賦和資源問題，方向正確努力一定有回報。

總監自己是過來人，做TikTok自媒體是一個自我發現的過程，你能看到了自己成長的可能性，明白了自己想要什麼，知道了實現夢想的方法和路徑。

文長，有看到最後的都是真愛，希望總監的分享有幫助到你，看好趨勢，站在風口，然後等風來。

VW00044

TikTok百萬流量全公開

作　　　者—617 劉易蓁、石總監（石尊元）
主　　　編—林潔欣
企劃主任—王綾翊
文字協力—張棠紅、李函英、呂育馨
美術設計—比比司設計工作室
人物攝影—韓森
排　　　版—游淑萍

第五編輯部總監—梁芳春
董 事 長—趙政岷
出 版 者—時報文化出版企業股份有限公司
　　　　　108019 臺北市和平西路 3 段 240 號 3 樓
　　　　　發行專線—（02）2306-6842
　　　　　讀者服務專線—0800-231-705・（02）2304-7103
　　　　　讀者服務傳真—（02）2306-6842
　　　　　郵撥—19344724　時報文化出版公司
　　　　　信箱—10899 臺北華江橋郵局第 99 信箱
時報悅讀網—http://www.readingtimes.com.tw
法律顧問—理律法律事務所　陳長文律師、李念祖律師
印　　　刷—勁達印刷股份有限公司
一版一刷—2022 年 12 月 2 日
定　　　價—新臺幣 380 元
（缺頁或破損的書，請寄回更換）

時報文化出版公司成立於一九七五年，
並於一九九九年股票上櫃公開發行，於二〇〇八年脫離中時集團非屬旺中，
以「尊重智慧與創意的文化事業」為信念。

TikTok百萬流量全公開／617劉易蓁, 石總監（石尊元）著 . --
一版.-- 臺北市：時報文化出版企業股份有限公司, 2022.12
　面；公分.-

　ISBN　978-626-353-121-5（平裝）

　1.CST:網路社群 2.CST:網路行銷
496　　　　　　　　　　　　　　　　　111017512

ISBN　978-626-353-121-5
Printed in Taiwan